| | | | |
|---|---|---|---|
| **Konstruktionsmechanik** | Datum: | **Umformen von Profilen** | Lernfeld 7 |
| Name: | Klasse: | ***Umformen*** | **1** |

Beim Umformen werden Werkstücke spanlos in eine andere Form gebracht.
Welche Eigenschaften müssen Metalle dazu aufweisen?

– 

– 



Welche Metalle sind gut umformbar?

Metalle können im warmen oder im kalten Zustand umgeformt werden. Weshalb sind Metalle im warmen Zustand leichter umformbar?

**Umformverfahren**

| | | |
|---|---|---|
| 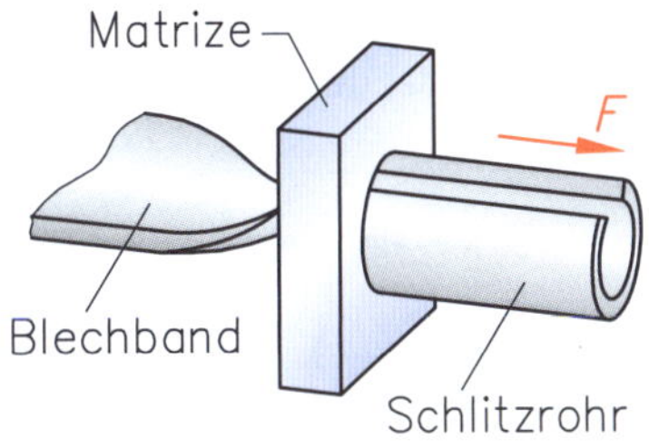  | Das Werkstück wird durch eine Matrize gezogen. | -<br>Umformen |
| 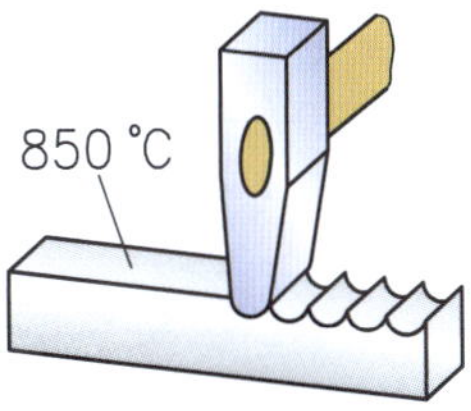  | Der Werkstoff wird durch Druckkräfte gestreckt. | -<br>Umformen |
| 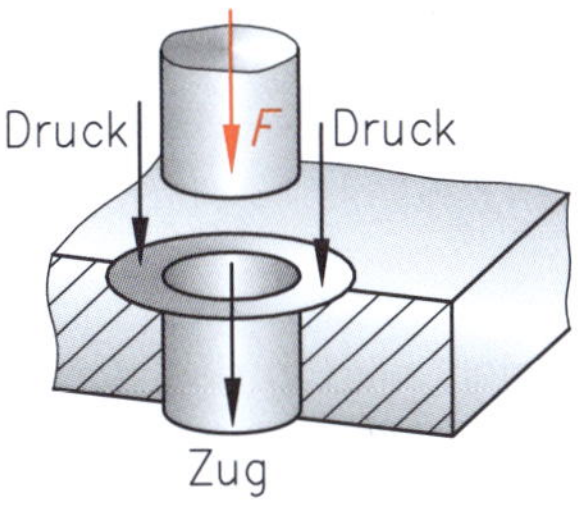  | Der Werkstoff wird durch Zug und Druck umgeformt. | -<br>Umformen |
| 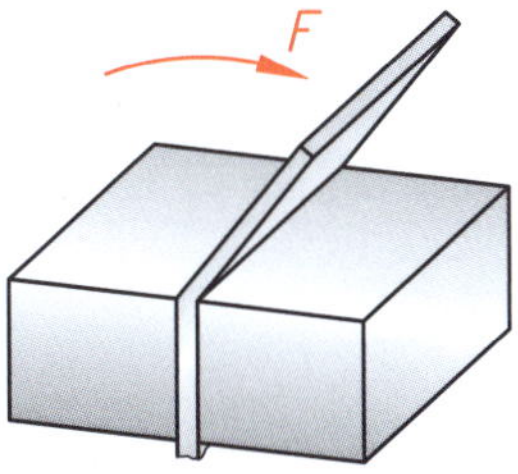  | Der Werkstoff wird in einer Vorrichtung gebogen. | -<br>Umformen |
| 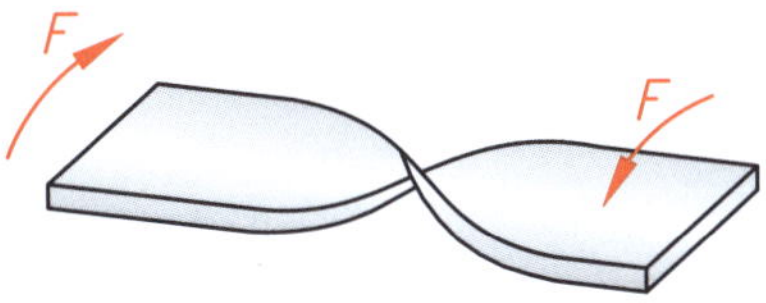  | Der Stab wird verdreht. | -<br>Umformen |

## A. Atomaufbau

(+) = 
( ) = 
(−) = 

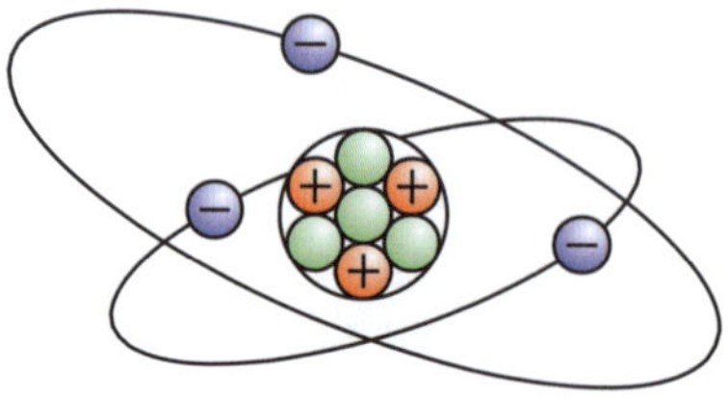

Vergleichen Sie die Anzahl der Protonen mit der Anzahl der Elektronen.

Atome verhalten sich deshalb in der Regel neutral.

## B. Ionenaufbau

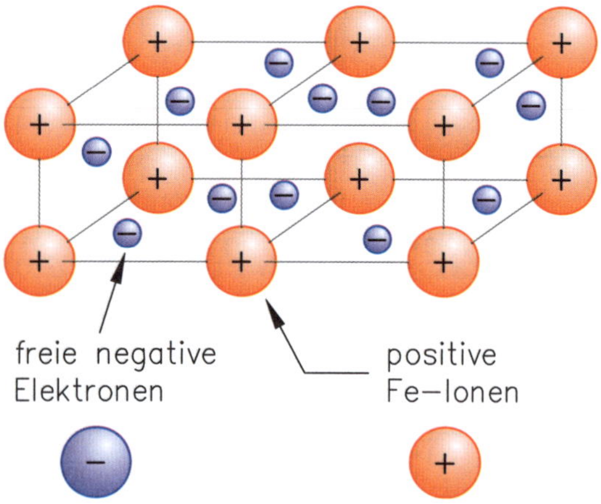


Alle Metalle geben ihre Elektronen auf der äußeren Schale ab; es sind die freien Elektronen. Wie sind die Atome jetzt geladen?

Solche Atome werden als Ionen bezeichnet.

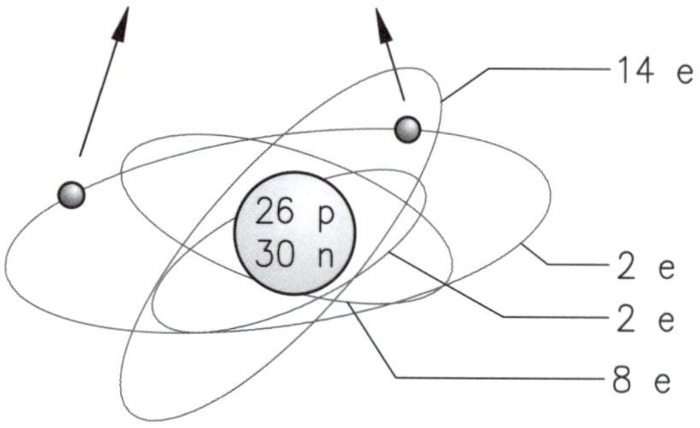


Wie verhalten sich verschieden geladene Teilchen?

Diese Anziehungskraft ergibt die Festigkeit der Metalle.

## C. Gefügeveränderung beim Kaltbiegen

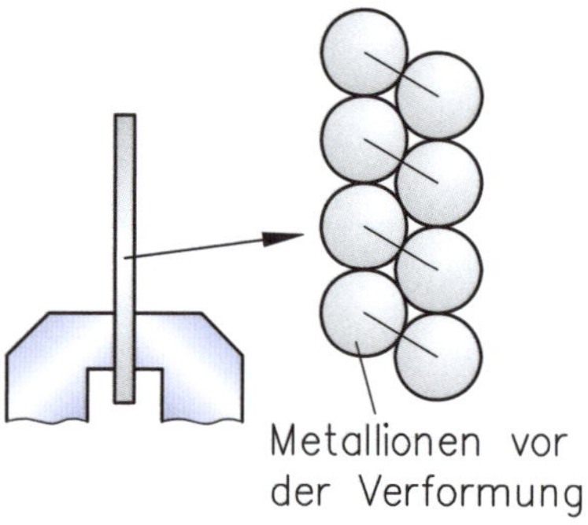


Ein Flachstahl wird in den Schraubstock eingespannt.

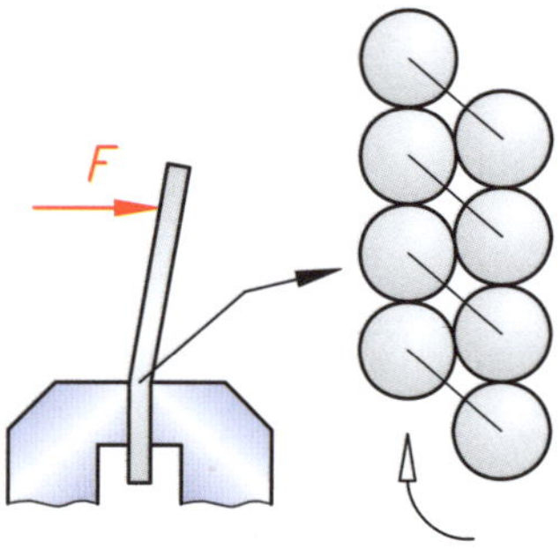


An dem Flachstahl wirkt eine kleine Kraft *F*. Die Metallionen werden auf der gestreckten Seite durch die Verformungskraft *F* etwas angehoben.

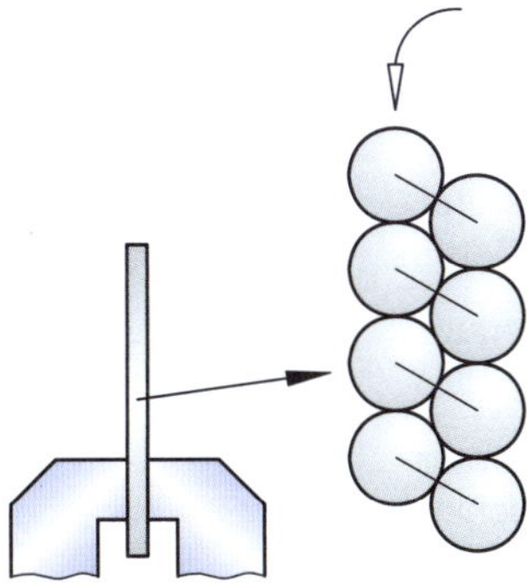

Beim Zurückfedern gehen die Matallionen wieder in ihre ursprüngliche Lage zurück.
Wie wird diese Verformung bezeichnet?

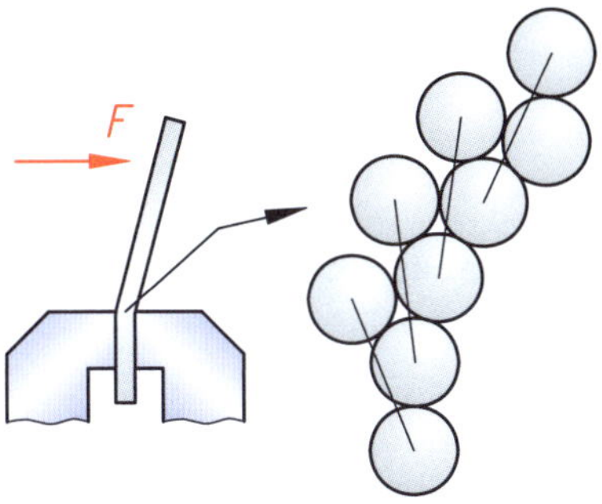


Durch eine große Biegekraft *F* wird der Flachstahl bleibend verformt. Die Metallionen auf der gestreckten Seite werden durch die Verformungskräfte angehoben und in die nächste Mulde geschoben.
Wie wird diese Verformung bezeichnet?

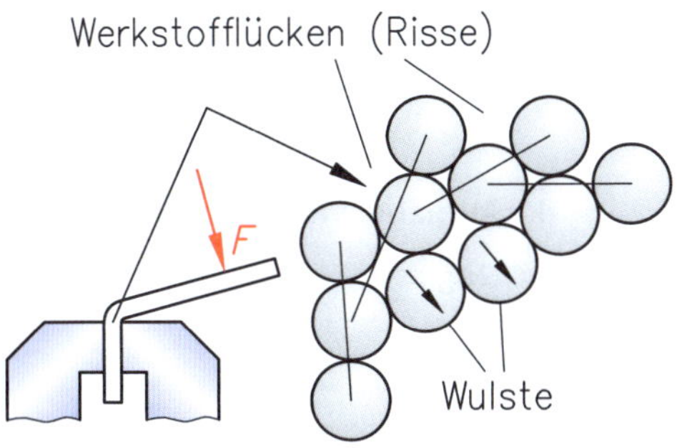


Bei sehr starker Verformung und kleinem Biegeradius entstehen an der gestreckten Seite große Werkstofflücken, an der gestauchten Seite Wulste. Die Bindungskräfte der Metallionen verringern sich; im Flachstahl können Risse oder Brüche entstehen.

## D. Kaltverfestigung beim Kaltbiegen

Durch Umformen ohne Wärmezufuhr werden Ionen verschoben und behindern sich gegenseitig. Dadurch nimmt die Werkstofffestigkeit zu, es kommt zur ______________________.

Folgen: ______________________________________________.

Nennen Sie Beispiele, wo Kaltverfestigung auftreten kann.

______________________________________________

## E. Rekristallisationsglühen

Durch Rekristallisationsglühen kann die Kaltverfestigung rückgängig gemacht werden. Der Werkstoff wird wieder plastisch formbar.
Bei der entsprechenden Glühtemperatur wird das verschobene Gefüge wieder in den ursprünglichen Zustand gebracht. Die Glühzeit hängt von der Werkstückgröße ab und dauert mehrere Stunden.

| | | | |
|---|---|---|---|
| Material: | Stahl | Glühtemperatur: | 550-650 °C |
| | Aluminium | | ~ 150 °C |
| | Kupfer | | ~ 200 °C |

## F. Gefügeveränderung beim Warmbiegen

Werden Metalle erwärmt, verringert sich beim Biegen der Widerstand. Die Biegetemperatur muss jedoch über der Rekristallisationstemperatur liegen.

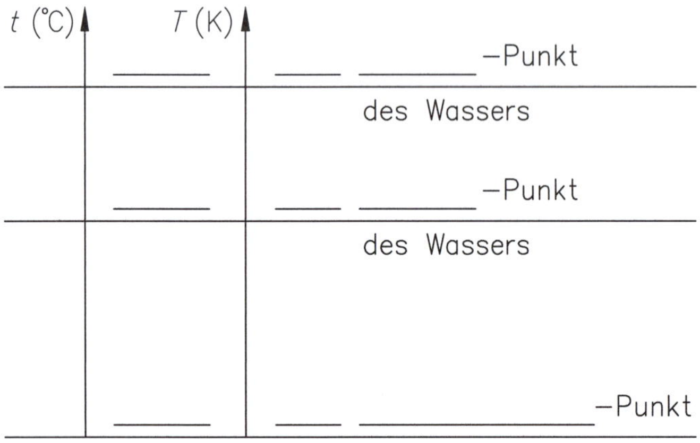


| | Formelzeichen | Einheitszeichen |
|---|---|---|
| Temperatur nach Celsius | | |
| Temperatur nach Kelvin | | |
| Temperaturunterschied | | oder |

**1. Aufgabe:** Wie viel K sind 20 °C?

**Geg.:**

**Ges.:**

= ( )

=

=

**2. Aufgabe:** Rechnen Sie – 5 °C in K um.

**Geg.:**

**Ges.:**

=

=

=

**3. Aufgabe:** Wie viel °C entsprechen 300 K?

**Geg.:**

**Ges.:**

= ( )

=

=

**4. Aufgabe:** Wie viel °C sind 263 K?

**Geg.:**

**Ges.:**

=

=

=

**5. Aufgabe:** Wasser wird von 12 °C auf 77 °C erhitzt.
Wie groß ist die Temperaturdifferenz?

**Geg.:**

**Ges.:**

= ( )

= ( )

=

=

=

**6. Aufgabe:** Ergänzen Sie die Tabelle.

| | a) | b) | c) | d) | e) | f) |
|---|---|---|---|---|---|---|
| *t* (°C) | 16 | | – 5 | | – 273 | |
| *T* (K) | | 297 | | 261 | | 273 |

**7. Aufgabe:** Stellen Sie den jeweiligen Temperaturunterschied fest.

a) Anfangstemperatur 12 °C
Endtemperatur 38 °C

b) Außentemperatur – 8 °C
Raumtemperatur 20 °C

c) Kaltwassertemperatur 283 K
Warmwassertemperatur 60 °C

d) Messbereich des Quecksilberthermometers
von – 30 bis 400 °C

e) Temperatur im Sommer 307 K
Temperatur im Winter – 17 °C

f) Anfangstemperatur – 10 °C
Endtemperatur 270 K

Zum Härten werden 3 kg Stahl von 20 °C auf 800 °C erhitzt.
Welche Wärmemenge (in kJ) ist dazu erforderlich?

Formelzeichen: *Q*
Einheit: Joule
Einheitszeichen: J

Umrechnungen:
1 J = 1 Ws
1 kJ = 1 kWs
______ kJ = 1 kWh
______ kJ = 1 Wh
1 kJ = ______ Wh

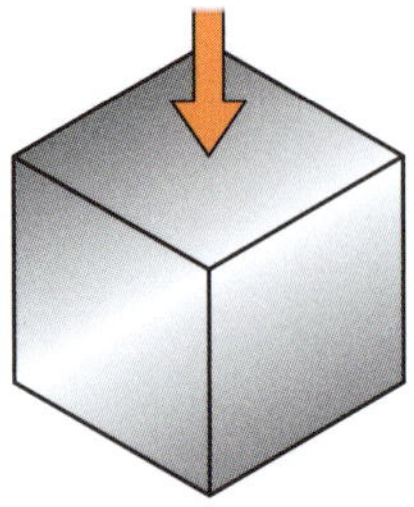


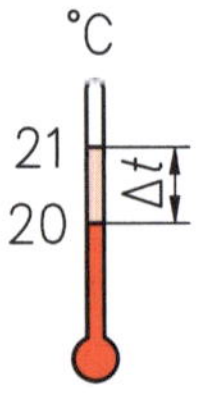


$\Delta t$ = ______ K
= ______ °C

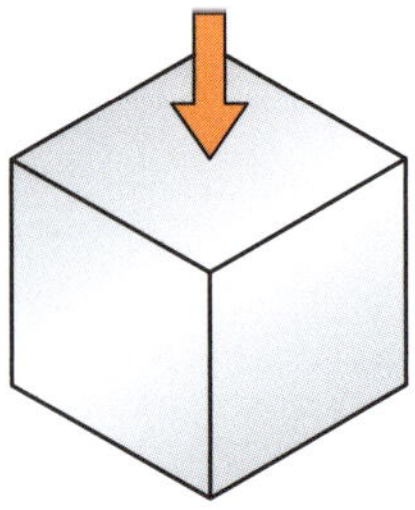


Jeder Stoff benötigt seine ihm eigene Wärmemenge; sie wird als spezifische Wärmekapazität *c* bezeichnet:

| Stoff | $c\left(\frac{kJ}{kg \cdot K}\right)$ | Stoff | $c\left(\frac{kJ}{kg \cdot K}\right)$ |
|---|---|---|---|
| Aluminium | 0,94 | Luft | 1,00 |
| Beton | 0,88 | Stahl | 0,49 |
| Blei | 0,13 | Wasser | 4,19 |
| Gusseisen | 0,50 | Ziegelsteine | 1,05 |
| Kupfer | 0,39 | Zink | 0,40 |
| Cu-Zn-Legierung | 0,39 | Zinn | 0,24 |

Die spezifische Wärmekapazität *c* eines Stoffs gibt an, welche Wärmemenge notwendig ist, um ______ kg eines Stoffs um ______ = ______ zu erwärmen.

**Geg.:** ______

**Ges.:** ______

1 kg Stahl um 1 °C → ______ kJ
______ kg Stahl um 1 °C → ______ kJ
______ kg Stahl um ______ °C → ______ = ______ kJ

**Q = ______** (kJ)

*m* in ______
*c* in ______
$\Delta t$ in ______ = ______

**1. Aufgabe:** In einer Werkstatt werden zum Duschen 200 l Wasser (1 l ≙ 1 kg) von 10 auf 40 °C aufgeheizt.
Wie viel kJ sind dazu an Wärmeenergie notwendig? Rechnen Sie das Ergebnis in kWh um.

**2. Aufgabe:** Eine Metallwerkstatt hat die Maße 30 x 12 x 3,2 m. Ein Lufterhitzer erwärmt Luft (Dichte = 1,29 $kg/m^3$) am Morgen von 9 °C auf 17 °C.
Wie viel kWh werden dazu benötigt?

**3. Aufgabe:** Für eine Schrumpfverbindung wird ein Messingring (Cu-Zn-Legierung) mit 2,6 kg von 20 auf 350 °C erwärmt.
Wie viel kJ Wärmeenergie sind dazu erforderlich?

**4. Aufgabe:** a) Wie viel kg Wasser können mit 1 kWh von 10 °C auf 60 °C erwärmt werden?
b) Um wie viel Grad Celsius können mit 1 kWh Wärmeenergie 17,18 kg Stahl erwärmt werden?

Ein Hoftor aus Stahl ist bei 10 °C 4,20 m lang. Im Sommer erwärmt es sich durch Sonneneinstrahlung auf 60 °C.
Um wie viel Millimeter dehnt es sich dabei aus?

Fast alle Stoffe dehnen sich bei Erwärmung aus und ziehen sich beim Abkühlen zusammen.

Bei gleicher Ausgangslänge $l_1$ und gleichem Temperaturunterschied dehnen sich die Stoffe unterschiedlich aus.

In Versuchen wurde die Längenänderung bei 1 °C oder 1 K Temperaturunterschied ermittelt und durch die Längenausdehnungszahl (= Längenausdehnungskoeffizient) $\alpha$ ausgedrückt:

| Stoff | $\alpha\left(\frac{1}{K}\right)$ oder ($K^{-1}$) | Stoff | $\alpha\left(\frac{1}{K}\right)$ oder ($K^{-1}$) |
|---|---|---|---|
| Aluminium | 0,000024 | PE (hart) | 0,00016 |
| Beton | 0,000012 | PE (weich) | 0,00020 |
| Blei | 0,000029 | PVC | 0,00008 |
| Gusseisen | 0,000011 | Stahl | 0,000012 |
| Kupfer | 0,000017 | Ziegel | 0,000006 |
| Kupfer-Zink-Legierung | 0,000019 | Zink | 0,000029 |
| Kupfer-Zinn-Legierung | 0,000018 | Zinn | 0,000023 |

Die Längenausdehnungszahl für Stahl ist 0,000012. Dies bedeutet: Stahl von 1 m Länge dehnt sich bei 1 °C = 1 K Temperaturunterschied um 0,000012 m aus.
Die Benennung der Längenausdehnungszahl ist: $\frac{m}{m \cdot K}$ ______

**Geg.:** ______

**Ges.:** ______

1 m Stahl dehnt sich bei 1 K Temperaturunterschied um ______ m

______ m Stahl dehnen sich bei 1 K Temperaturunterschied um ______ m

______ m Stahl dehnen sich bei ______ K Temperaturunterschied um ______ =

______ m = ______ mm

$\Delta l =$ ______

Sie erhalten das Ergebnis in Millimetern, wenn Sie die Ausgangslänge ebenfalls in Millimetern einsetzen:

$\Delta l =$ ______

$\Delta l =$ ______

Benennungen: $l_1$ und $\Delta l$ mit ______ Benennung, z. B. ______

$\Delta T$ in ______

**1. Aufgabe:** Wie viel Millimeter müssen für die Dehnungsfuge eines 2,6 m langen Schaufensters aus Aluminium vorgesehen werden, wenn im Winter – 20 °C und im Sommer 60 °C angenommen werden?

**2. Aufgabe:** Ein Brückengeländer aus Aluminiumprofil hat sich durch Erwärmung von 0 °C auf 40 °C um 19,2 mm ausgedehnt.
Berechnen Sie die Ausgangslänge (in m).

**3. Aufgabe:** Ein Ring aus einer Kupfer-Zink-Legierung hat bei 15 °C einen Durchmesser von 79,5 mm. Er soll auf einer Welle mit 80 mm Durchmesser aufgeschrumpft werden.
Auf welche Temperatur muss der Ring erwärmt werden?

**4. Aufgabe:** Durch Erwärmung von 18 °C auf 38 °C dehnt sich ein 4 375 mm langes Profil um 7 mm aus.
Welcher Werkstoff liegt vor?

Name: Klasse:

## Umformen von Profilen

### *Volumenausdehnung fester und flüssiger Stoffe*

**A.** Ein Fass ist mit 100 l Maschinenöl gefüllt.
Um wie viel Liter nimmt das Volumen des Öls zu, wenn die Temperatur um 20 K steigt?

Wie bei der Längenausdehnung wurde durch Versuche die Volumenänderung bei 1 K Temperaturunterschied ermittelt und durch die Volumenausdehnungszahl $\alpha_V$ in 1/K oder $K^{-1}$ ausgedrückt:

| Stoff | Stahl | Benzin | Heizöl | Maschinenöl | Wasser |
|---|---|---|---|---|---|
| Volumenausdehnungszahl | 0,000036 | 0,0011 | 0,00096 | 0,00093 | 0,00018 |

Vergleichen Sie z. B. bei Stahl die Längenausdehnungszahl $\alpha_l$ mit der Volumenausdehnungszahl $\alpha_V$.

$\alpha_l =$ ______ ⟷ $\alpha_V =$ ______

Volumenausdehnungszahl $\alpha_V =$ ______

**Geg.:** ______

**Ges.:** ______

$\Delta V =$ ______

$\Delta V =$ ______

$\Delta V =$ ______

**B.** Ein Brauchwasserbereiter ist mit 200 l Wasser von 10 °C gefüllt und wird auf 70 °C erwärmt.
Um wie viel Liter dehnt sich das Wasser aus?

Vergleichen Sie die Volumenausdehnung von Maschinenöl und Wasser:

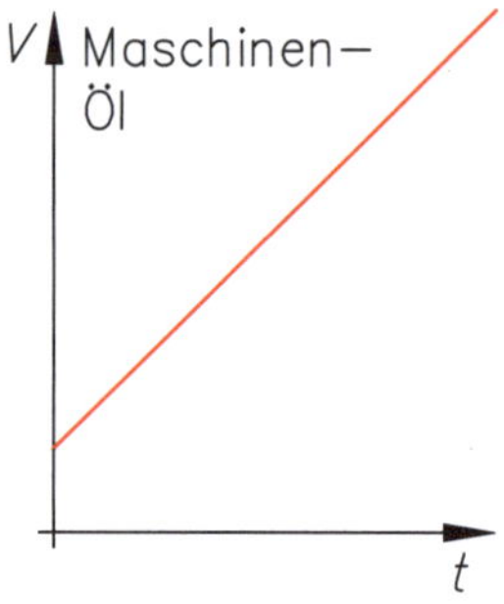


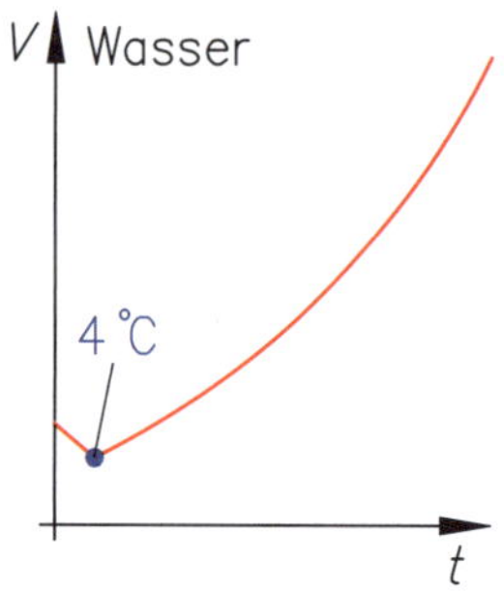


Wasser dehnt sich nicht linear aus. Es hat bei 4 °C sein kleinstes Volumen.

| Erwärmung von | Volumen nimmt |
|---|---|
| 0 °C auf 4 °C | ______ |
| 4 °C auf 100 °C | ______ |

Gefriert Wasser zu Eis, vergrößert sich das Volumen um 11%.

Wasser macht bei der Volumenausdehnung daher eine Ausnahme; man spricht von der Anomalie des Wassers. Die Volumenausdehnungszahl $\alpha_V \approx 0{,}00018$ 1/K ist nur ein gerundeter Wert.

**1. Aufgabe:** Für die Beheizung einer Montagehalle werden im Sommer 10 000 l Heizöl mit 35 °C getankt. Um wie viel Liter ist im Winter bei – 5 °C weniger im Lagerbehälter?

**2. Aufgabe:** In einem Kanister befinden sich 5 l Bohrwasser. Durch ein Versehen blieb er im Freien und fror ein. Um wie viel Liter nimmt das Volumen zu?

**3. Aufgabe:** Ein Kraftstofftank aus Stahlblech fasst bei 20 °C 62 l Benzin.
Überprüfen Sie, ob Benzin überläuft, wenn 60 l eingefüllt werden und mit einem Temperaturanstieg auf 40 °C gerechnet wird.
Berücksichtigen Sie dabei auch die Ausdehnung des Benzintanks.

Werden Biegeteile in großer Stückzahl hergestellt, verwendet man Hilfsmittel; man bezeichnet sie als

**Einfache Biegevorrichtung für Flachstähle**

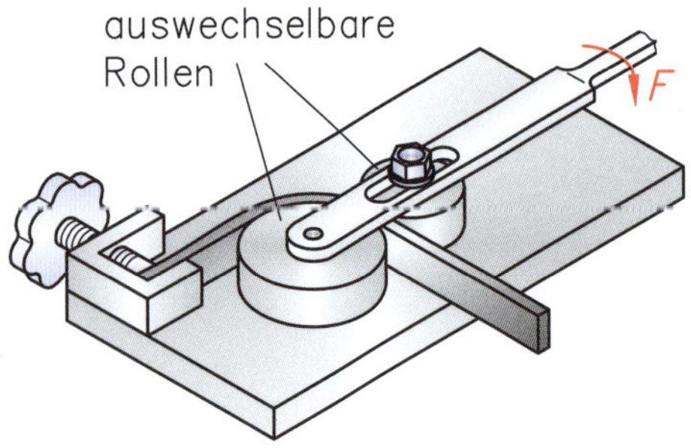


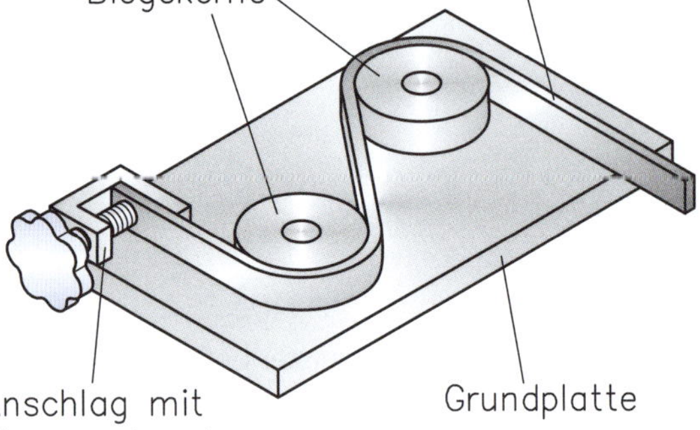


**Biegevorrichtung für Profile**

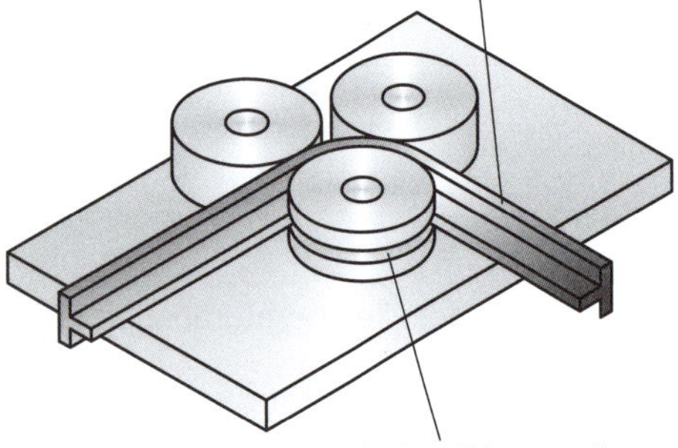


**Rinneneisen-Bieger**

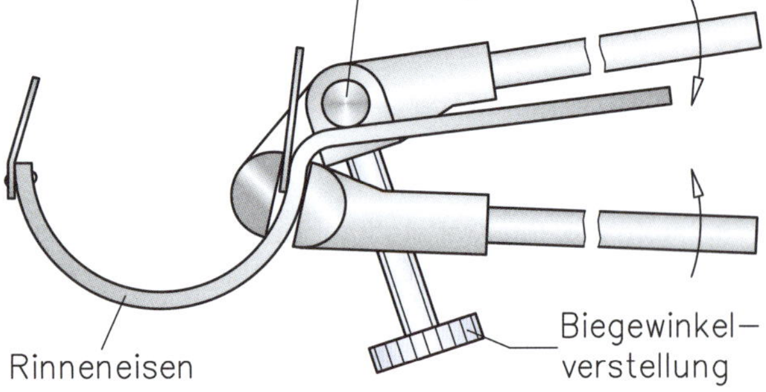


**Hydraulischer Handbieger**

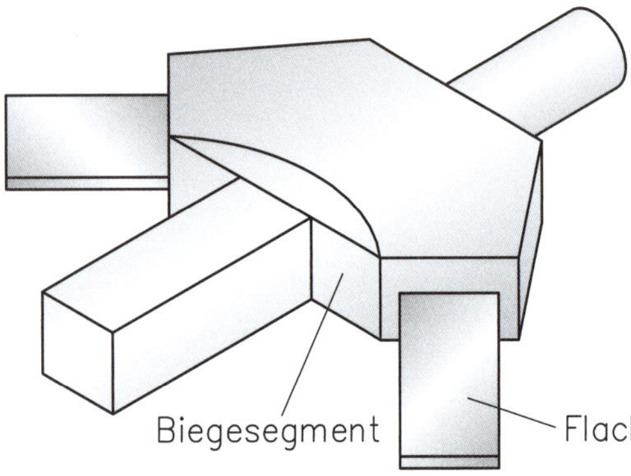


Auswechselbare Biegesegmente ermöglichen verschiedene Biegeradien von Flachstählen.

Verwendung:

**Schnörkelbieger**

Geformte Füllelemente im Metallbau werden als Schnörkel bezeichnet.

**Aufgabe:** Skizzieren Sie noch zwei weitere Schnörkelformen.

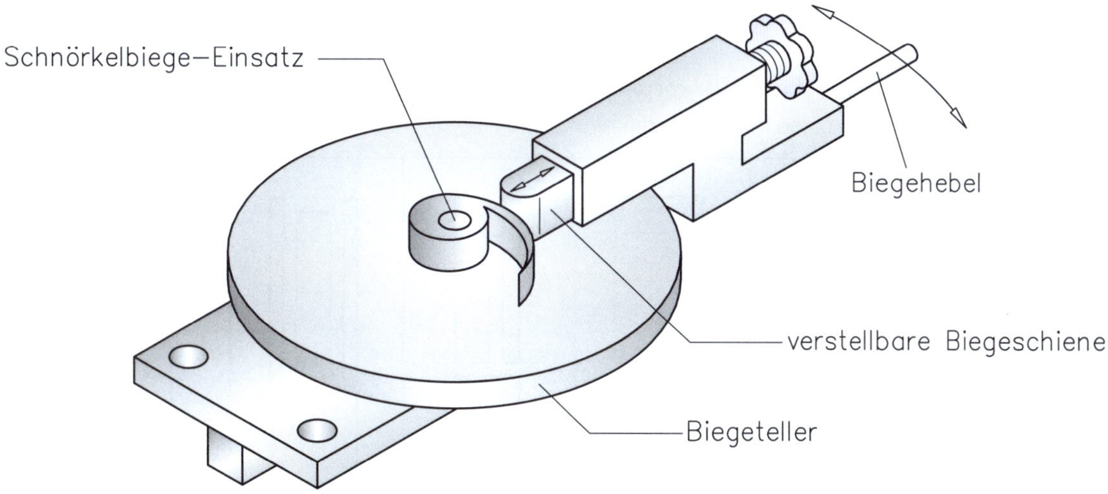


Mit dem Schnörkelbieger können Flach- und Quadratstähle gebogen werden.

**Exzentrischer Winkelbieger**

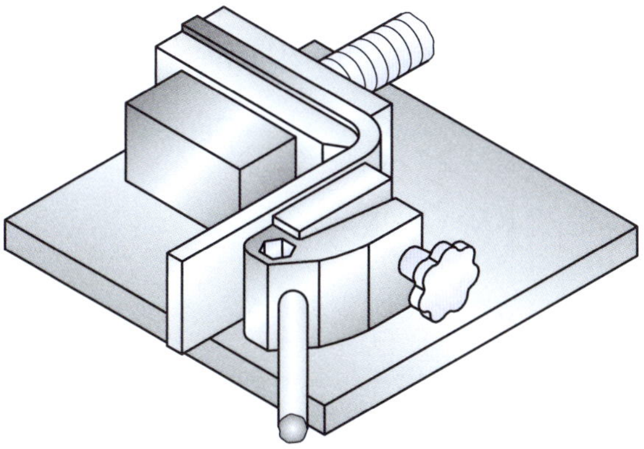

Ein exzentrisch angeordneter Klotz ermöglicht das Spannen verschieden dicker Profile. Diese Vorrichtung erlaubt ein sehr genaues Biegen.

## A. Profilbiegemaschinen

### 1. Walzenbiegemaschine

Mit der Walzenbiegemaschine können Form- und Stabprofile aus Stahl und NE- Metalle mit sehr großem Biegeradius kalt- oder warmgebogen werden.
Die höhenverstellbare Biegewalze und die Gegenhalterwalzen sind glatt oder profiliert.

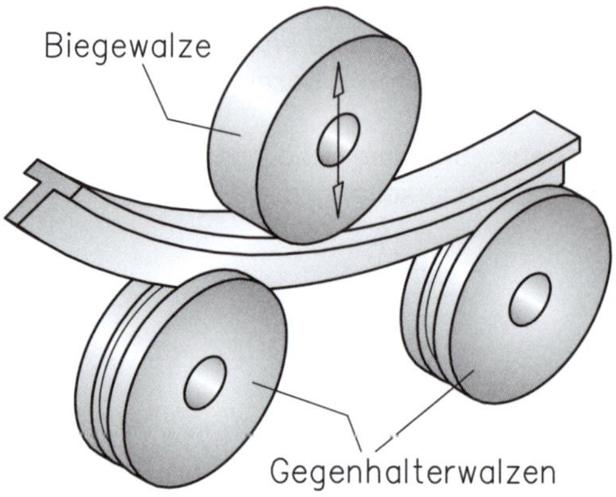


**Aufgabe:** Welche Form- und Stabprofile können durch die Biege- und Gegenhalterwalze umgeformt werden? Zeichnen Sie diese in die Skizzen ein.

| | |
|---|---|
| Biegewalze | 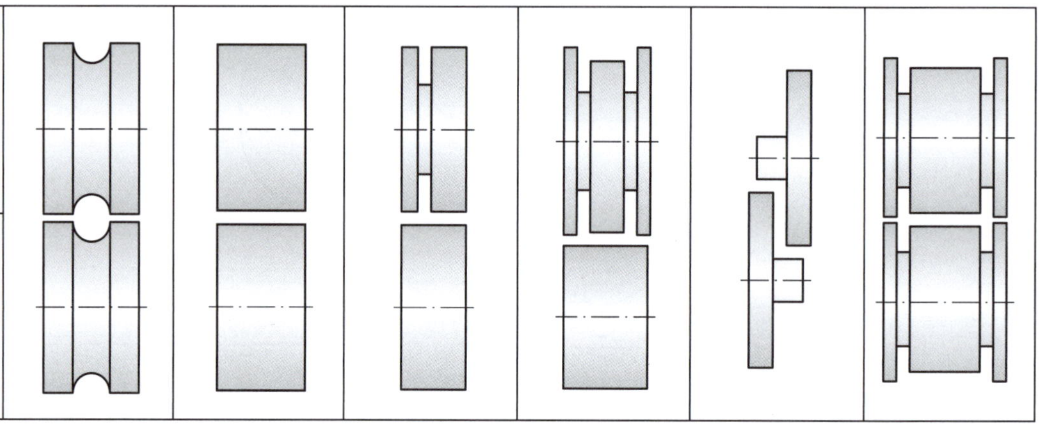 |
| Gegenhalter-walze | |

Durch die höhenverstellbare Biegewalze wird der Biegeradius eingestellt. Das zu biegende Profil muss dabei mehrmals vor- und rückwärts bewegt werden.

### 2. Biegezentrum

Mit dem Biegezentrum kann durch Austausch verschiedener Biegewerkzeuge wirtschaftlich gearbeitet werden.

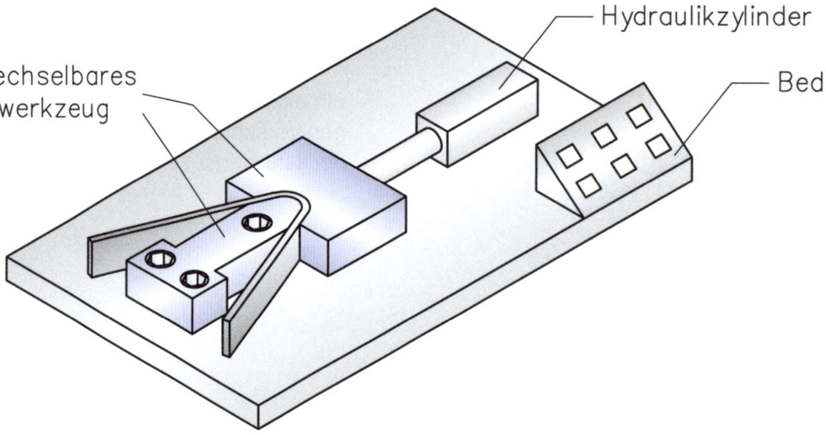


Biegewerkzeuge für das Biegen von:

## B. Mindestbiegeradius

Der skizzierte Flachstahl (S 235 JR) soll kaltgebogen werden.

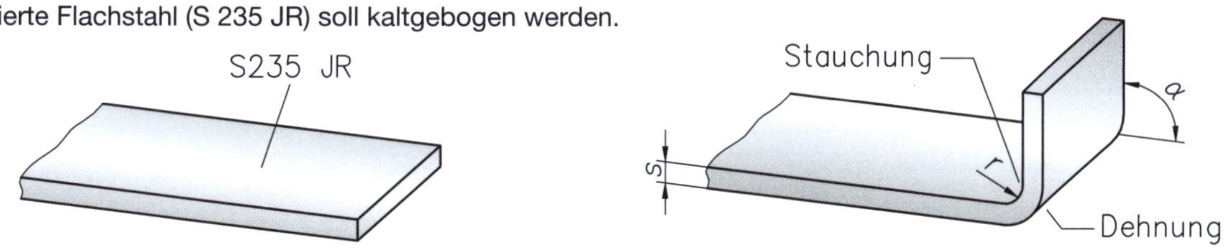


Bei sehr kleinem Biegeradius *r*, großem Biegewinkel $\alpha$ und großer Materialdicke *s* können an der äußeren Biegestelle Risse entstehen. Dies kann zum Bruch des Werkstücks führen. Auch die Art des Werkstoffs (Stahl-Cu-Al) muss beachtet werden. Deshalb dürfen Mindestbiegeradien nicht unterschritten werden.

**Mindestbiegeradius beim Kaltbiegen (Auswahl), Biegewinkel ≤ 120°**

**Flachstähle, Stahlbleche**

| **Werkstoff** | **Walzrichtung beim Biegen** | **Werkstoffdicke (mm)** | | |
|---|---|---|---|---|
| | | 3–4 | 4–5 | 10–12 |
| | | **Mindestbiegeradius (mm)** | | |
| S 210 JR | quer | 5 | 6 | 20 |
| | längs | 6 | 8 | 25 |
| S 325 JR | quer | 6 | 8 | 25 |
| | längs | 8 | 10 | 32 |

**Flache NE-Metalle, NE-Bleche**

| **Werkstoff** | **Walzrichtung beim Biegen** | **Werkstoffdicke (mm)** | | |
|---|---|---|---|---|
| | | 3–4 | 4–5 | 10–12 |
| | | **Mindestbiegeradius (mm)** | | |
| EN AW-5083-H111 (weich) | -------------<br>------------- | 6 | 8 | 36 |
| Cu Zn 37 F 60 (Messing, hart) | -------------<br>------------- | 10 | 12 | 45 |

Welche Erkenntnisse über den Mindestbiegeradius können Sie ableiten?

1. Werkstoffdicke: ______________________________

2. Festigkeit: ______________________________

3. Walzrichtung bei Stahlwerkstoffen: ______________________________

## C. Rückfederung

Alle Metallwerkstoffe federn beim Kaltbiegen zurück.
Wovon ist die Größe dieser Rückfederung abhängig?

1. ______________________________
2. ______________________________
3. ______________________________

Wie kann die Rückfederung ausgeglichen werden?

______________________________

Zur Berechnung der Überbiegung muss der Rückfederungsfaktor $k_r$ aus Tabellen entnommen werden. Dafür wird zunächst das Verhältnis vom Biegeradius *r* zur Werkstoffdicke *s* berechnet:

$$\text{Verhältniszahl} = \frac{r}{s}$$

Das Ergebnis und der verwendete Werkstoff ergibt aus der folgenden Tabelle den Rückfederungsfaktor $k_r$:

| **Rückfederungsfaktor $k_r$ beim Kaltbiegen (Auswahl)** | | | | |
|---|---|---|---|---|
| Verhältniszahl $\frac{r}{s}$ | Werkstoff | | | |
| | S 235 JR $R_e = 235\ \text{N/mm}^2$ | C 15 $R_e = 360\ \text{N/mm}^2$ | X12CrNi18-8 $R_e = 600\ \text{N/mm}^2$ | CuZn33 (Messing) $R_e = 340\ \text{N/mm}^2$ |
| 1,0 | 0,98 | 0,98 | 0,99 | 0,97 |
| 2,5 | 0,98 | 0,98 | 0,97 | 0,96 |
| 4,0 | 0,97 | 0,96 | 0,95 | 0,95 |
| 10,0 | 0,94 | 0,91 | 0,89 | 0,93 |

**Berechnung der Überbiegung**

**1. Aufgabe:**

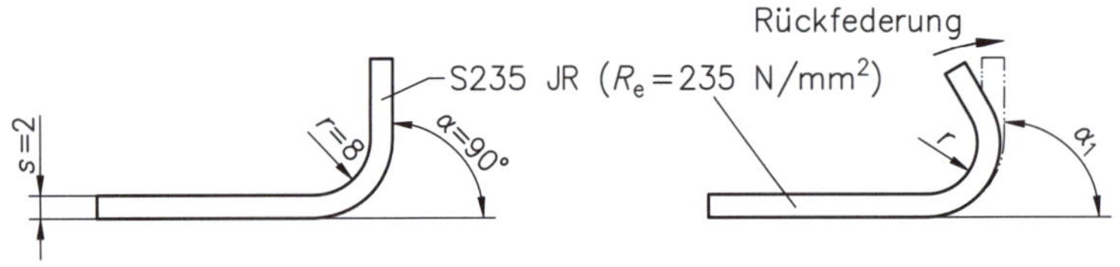


Überbiegungswinkel $\alpha_1$:

$$\alpha_1 = \frac{\alpha}{k_r}$$

Verhältniszahl = $\frac{r}{s}$ = ________ = ________ ⟶ $k_r$ = ________

$\alpha_1 = \frac{\alpha}{k_r}$ = ________ = ________

Überbiegung = ________________

**2. Aufgabe:**

**Geg.:** Verhältniszahl = 4, Werkstoff C 15
**Ges.:** $\alpha_1$ und Überbiegung

Nach Tabelle: $k_r$ = ________

$\alpha_1 = \frac{\alpha}{k_r}$ = ________ = ________

Überbiegung: ________________

**3. Aufgabe:**

**Geg.:** Verhältniszahl = 4, Werkstoff X 12 Cr Ni 18-8
**Ges.:** $\alpha_1$

Nach Tabelle: $k_r$ = ________

$\alpha_1 = \frac{\alpha}{k_r}$ = ________ = ________

Überbiegung: ________________

Die Festigkeit der Werkstoffe in den drei Aufgaben ist verschieden.

Hohe Festigkeit ⟶ ________ Rückfederung ⟶ ________ Überbiegung

## D. Biegen von Profilen

Werden Profile sehr eng gebogen, müssen Ausklinkungen vorgesehen werden.

**1. Winkelprofile**

**a) 90°-Biegung eines Winkelprofils**
Werkstoff: L EN 10056-1 – 80 x 80 x 10

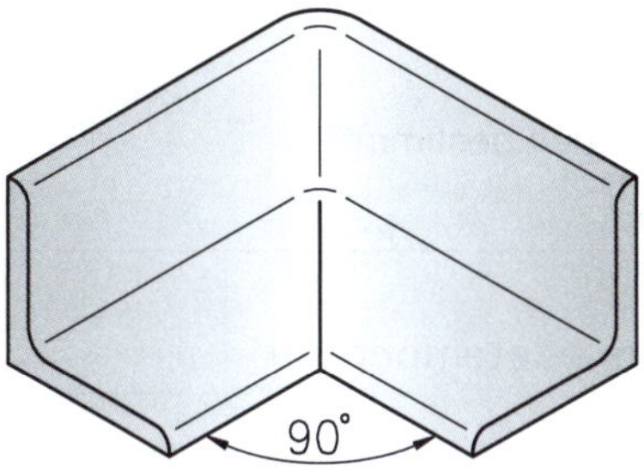


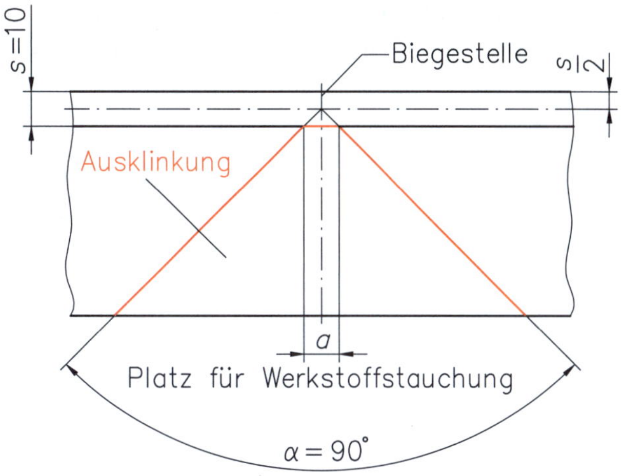


$$a = s \cdot \tan \frac{\alpha}{2}$$

$a =$

$a =$

$a =$

Erkenntnis: $a =$

**b) 150°-Biegung eines Winkelprofils**
Werkstoff: L EN 10056-1 – 60 x 60 x 8

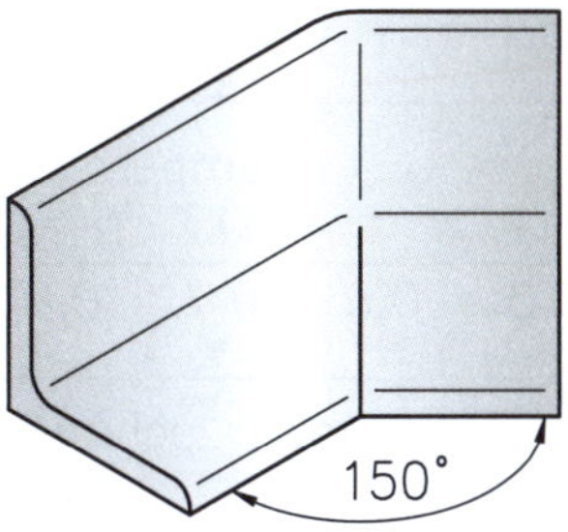


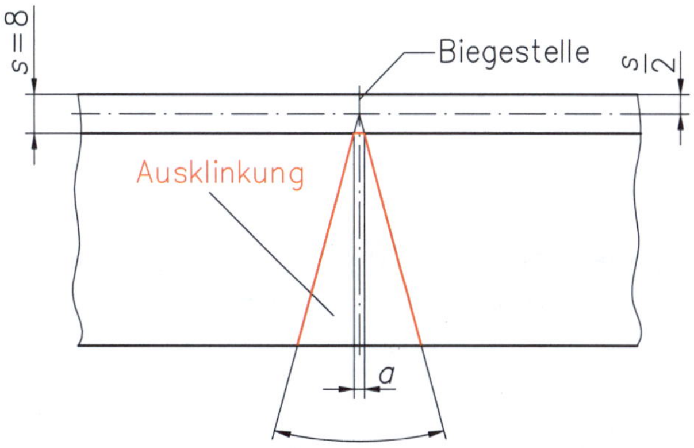


$a = s \cdot \tan \frac{\alpha}{2}$

$a =$

$a =$

$a =$

$\alpha =$

**2. 90°-Biegung eines T-Profils**

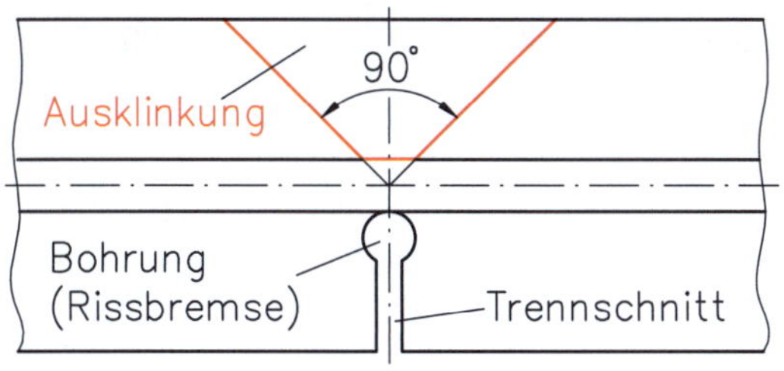


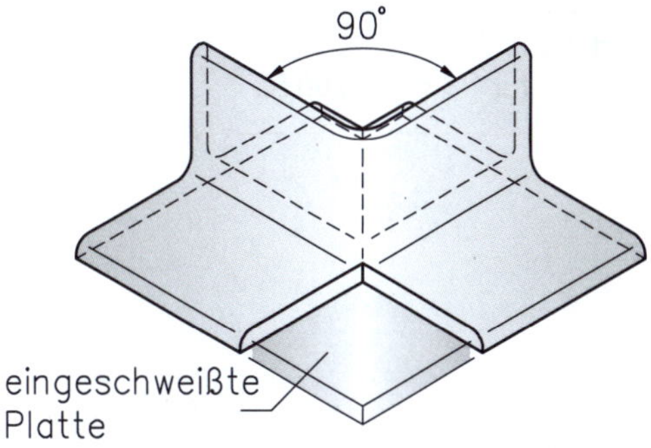

## A. Schmiedbarkeit der Metalle

Durch Schmieden werden Metalle im glühenden Zustand durch Druck oder Schlag spanlos umgeformt. Dabei blättert Zunder oder Hammerschlag (Abbrand) ab.

Wie wirkt sich dies auf das Volumen des Werkstücks aus?

### 1. Schmiedetemperatur unlegierter Stähle

Die richtige Schmiedetemperatur wird durch den Kohlenstoffgehalt bestimmt.

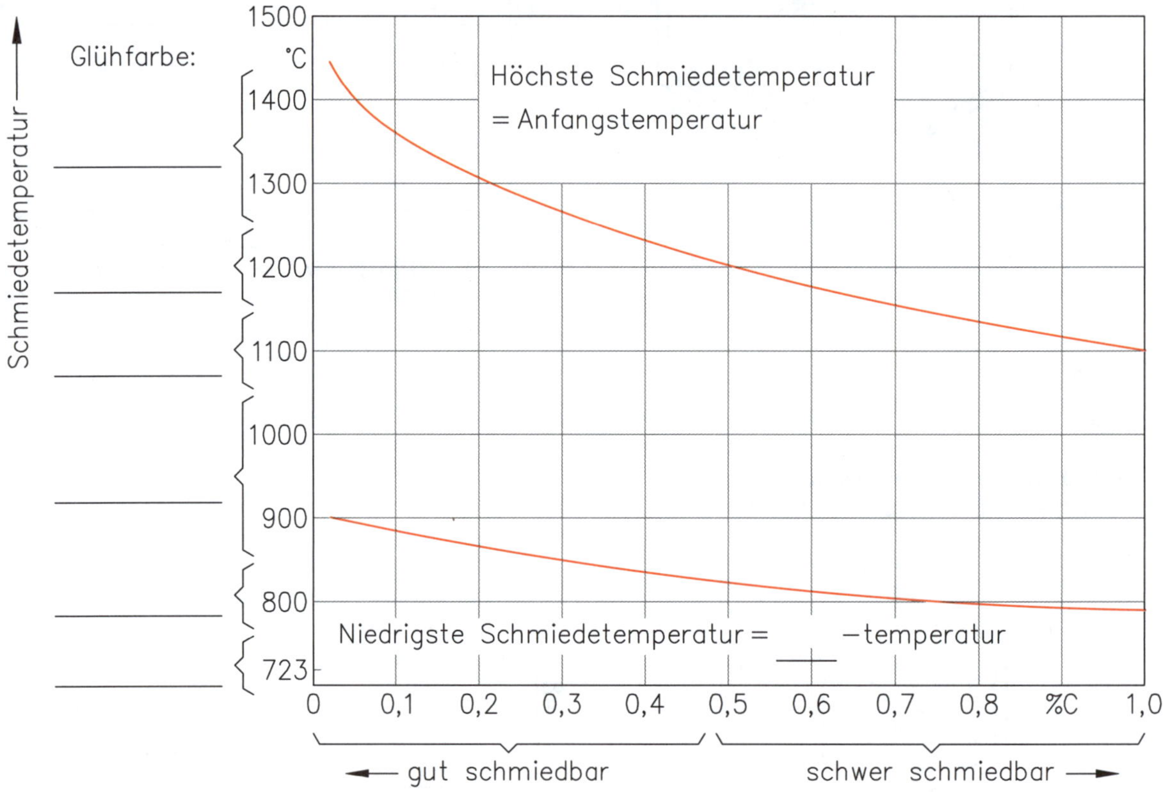


Entnehmen Sie einem Tabellenbuch zu den Glühtemperaturen die entsprechenden Glühfarben.

**Aufgabe:** Ermitteln Sie die Anfangs- und Endtemperaturen für Stahlbaustahl (C-Gehalt ca. 0,2 bis 0,3 %) und kennzeichnen Sie diesen Bereich im Diagramm farbig.

Weitere Schmiedetemperaturen:

| Werkstoff | Kupfer | Cu-Leg. | Aluminium | Al-Leg. | Unleg. Werkzeugstahl |
|---|---|---|---|---|---|
| Anfangs-temperatur | 800 °C | 750 °C | 500 °C | 450 °C | 1 000 °c |
| End-temperatur | 750 °C | 600 °C | 350 °C | 400 °C | 800 °C |

**2. Einflüsse der Stahl-Legierungsstoffe auf das Schmieden**

| Stahl-Legierungsstoff | Auswirkungen beim Schmieden |
|---|---|
| Kohlenstoff | |
| Phosphor | Der Stahl kann im kalten Zustand Risse bekommen (= kaltbrüchig). |
| Schwefel | Der Stahl kann im warmen Zustand Risse bekommen (= rotbrüchig). |

**3. Festigkeit und Dehnung** (Schmiedestahl)

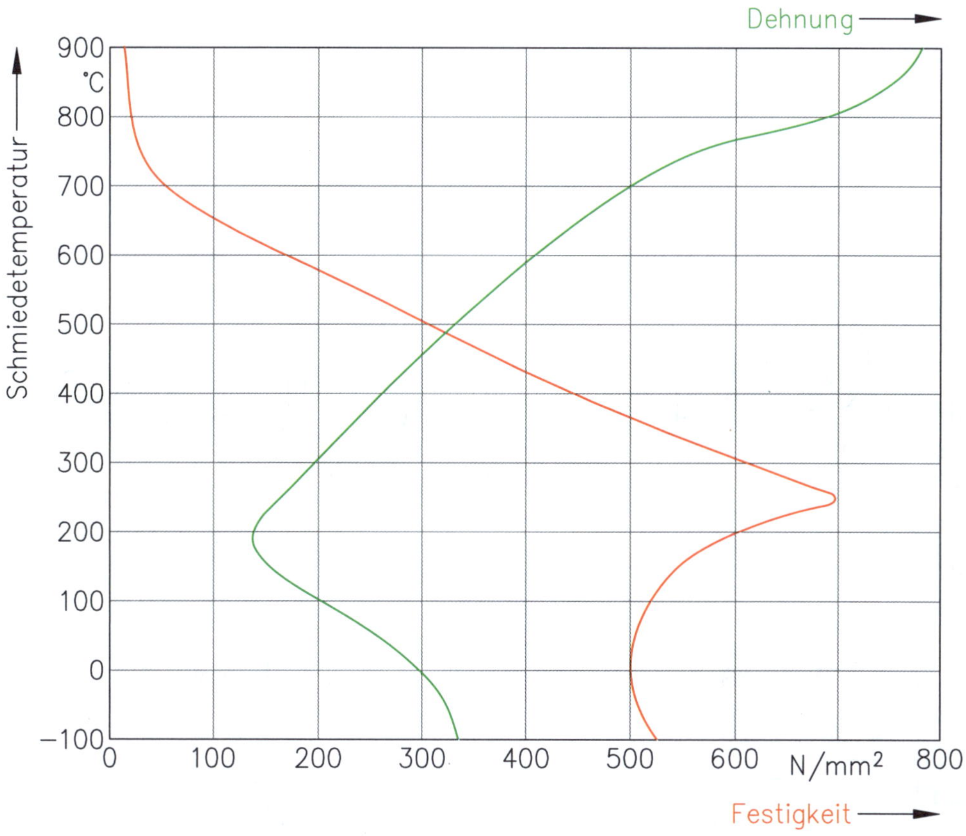


| Schmiedetemperatur (°C) | Festigkeit ($N/mm^2$) | Dehnung |
|---|---|---|
| 700 | | |
| 500 | | |
| 100 | | |

Bei welcher Temperatur hat Schmiedestahl seine größte Festigkeit und die kleinste Dehnung?

Zwischen ____________ und ____________ °C

Das Schmieden in diesem Temperaturbereich kann zu Rissen im Stahl führen.

Glühfarbe: ____________

**Merke:** Niemals im Bereich der „Blauwärme" schmieden!

**4. Gefügeveränderung beim Schmieden**

| Vor dem Schmieden | Nach dem Schmieden |
|---|---|
| 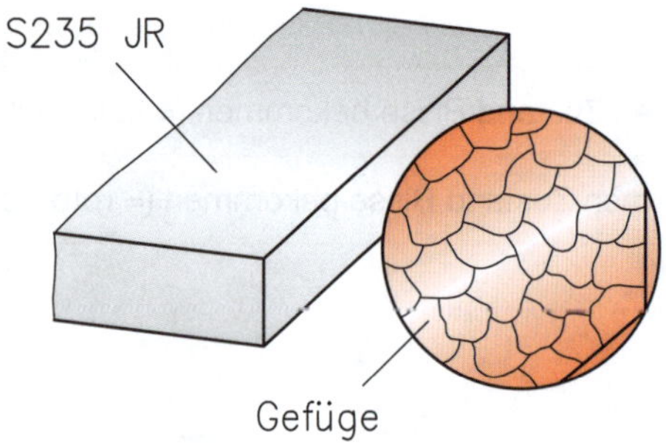  | 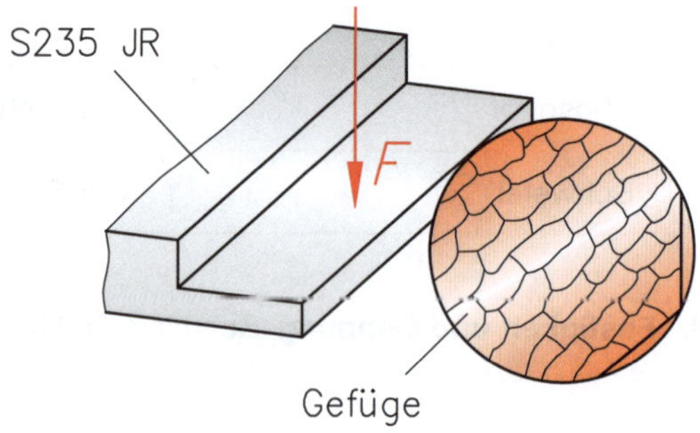  |
| Normales Gefüge | |
| 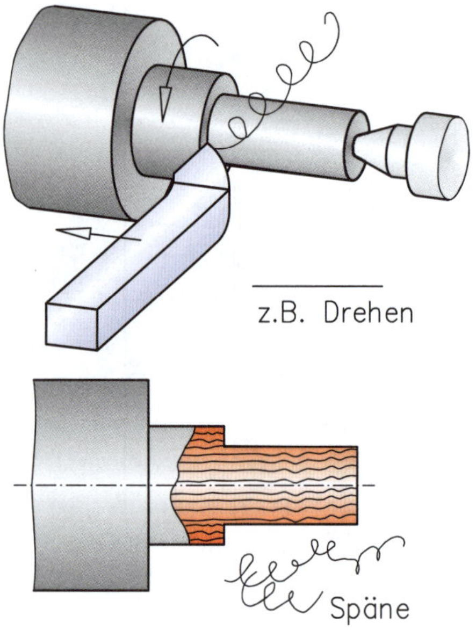  | 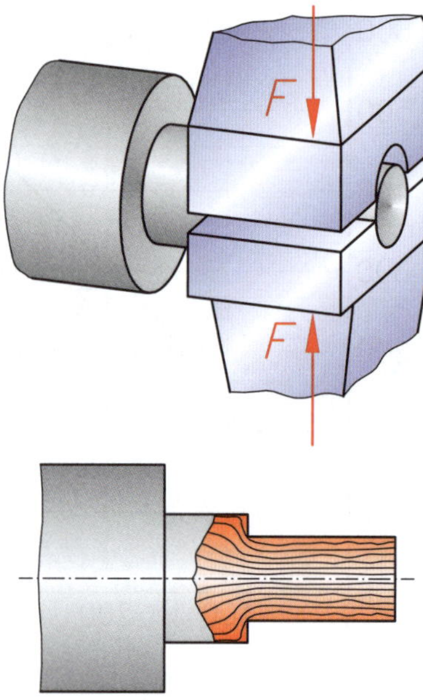  |
| Faserverlauf: ___<br>Folgen: ___ | Faserverlauf: ___<br>Folgen: ___ |

Vorteile des Schmiedens:

–

–

## B. Schmiedewerkzeuge beim Freiformschmieden

### 1. Amboss

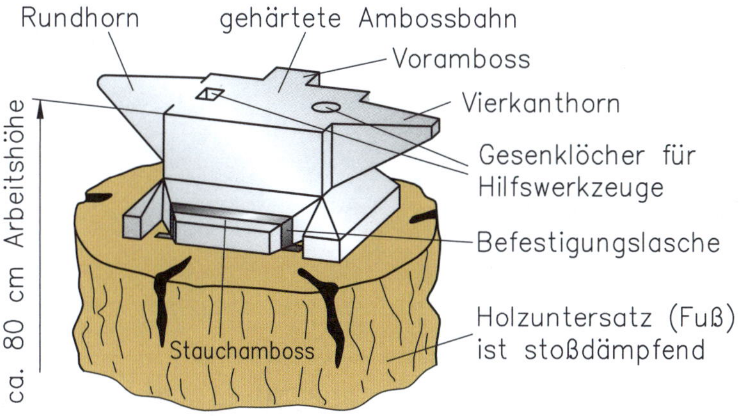


Der Amboss wird aus Stahlguss hergestellt.
Die Ambossbahn ist aufgeschweißt und gehärtet.
Übliche Ambossmasse:
100 bis 200 kg

### 2. Schmiedehämmer

**a) Handhammer** (Masse bis ca. 2 kg)

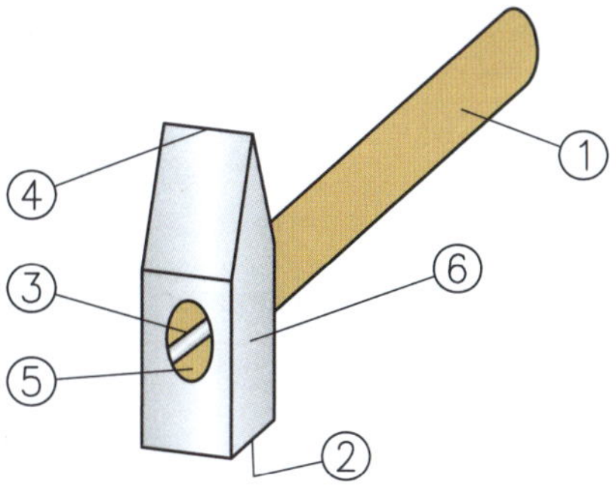


- ◯ Keil
- ◯ gehärtete Finne
- ◯ Stiel aus astfreiem Eschenholz
- ◯ Auge
- ◯ Kopf aus unlegiertem Werkzeugstahl
- ◯ gehärtete Bahn

Weitere Handhämmer:

| | | |
|---|---|---|
| 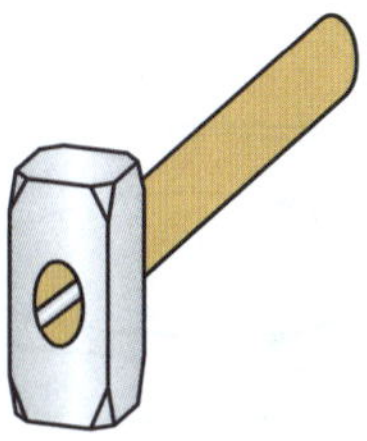 |  | 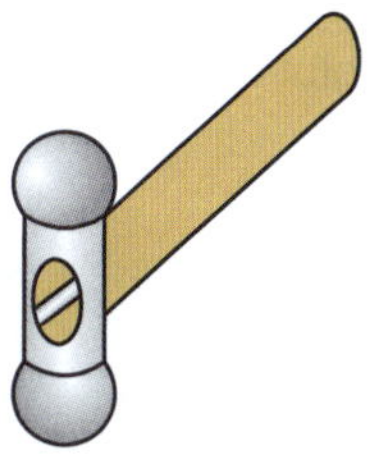 |
| | | |
| zum Schmieden ebener und glatter Flächen | zum Schmieden von Rundungen | zum Herstellen von Vertiefungen und Wölbungen |

**b) Zuschlaghämmer** (Masse bis etwa 12 kg)

| | |
|---|---|
| 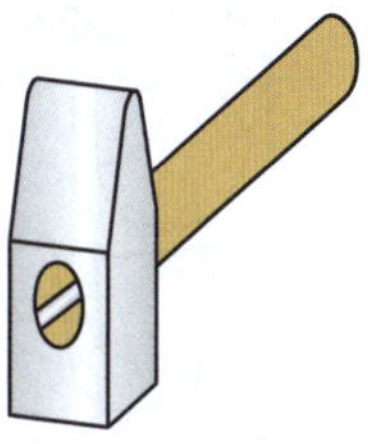 | 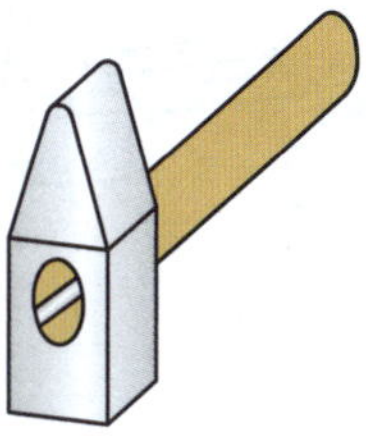 |
| | |

Für Schmiedearbeiten mit dem Zuschlaghammer sind stets zwei Personen notwendig.

**c) Hilfshämmer**

Hilfshämmer werden nicht zum Schlagen verwendet, sondern auf das Schmiedestück gesetzt. Hilfshämmer werden nicht verkeilt.

Begründung:

Der Stiel der Hilfshämmer ist lang.

Begründung:

**Hilfshammerarten**

Sie haben früher bereits einige Hilfshämmer kennen gelernt:

Außerdem gibt es noch:

| | | | | |
|---|---|---|---|---|
| 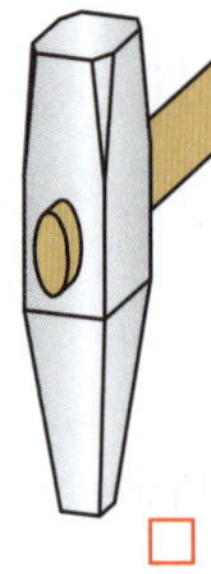 | 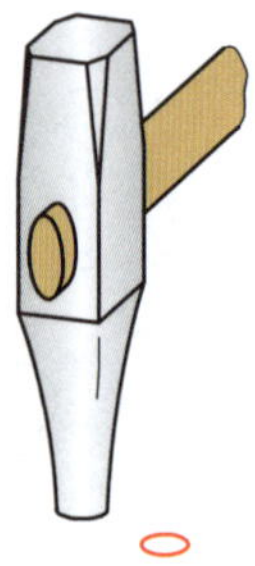 | 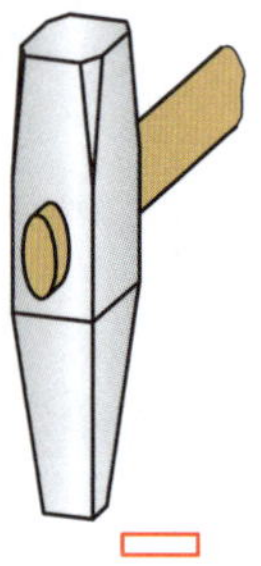 | 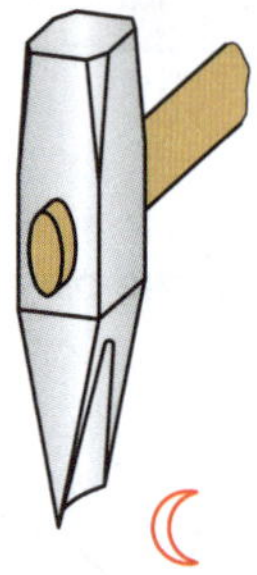 | 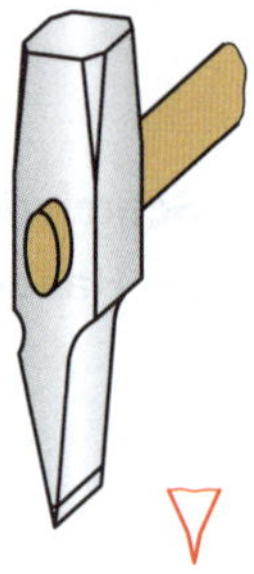 |
| - Hammer | - Hammer | - Hammer | -Hammer | - Hammer |

## 3. Schmiedezangen

Auch einige Schmiedezangen kennen Sie bereits:

Es gibt noch:

| | |
|---|---|
| 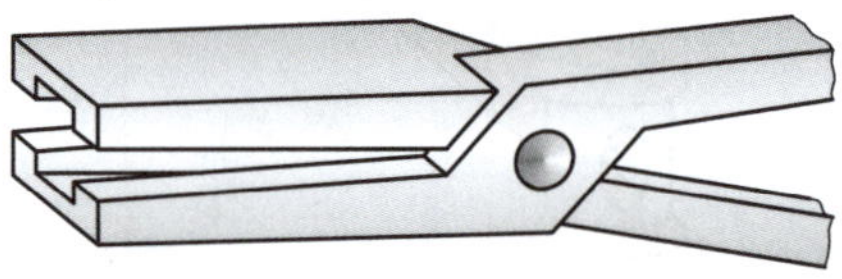 | 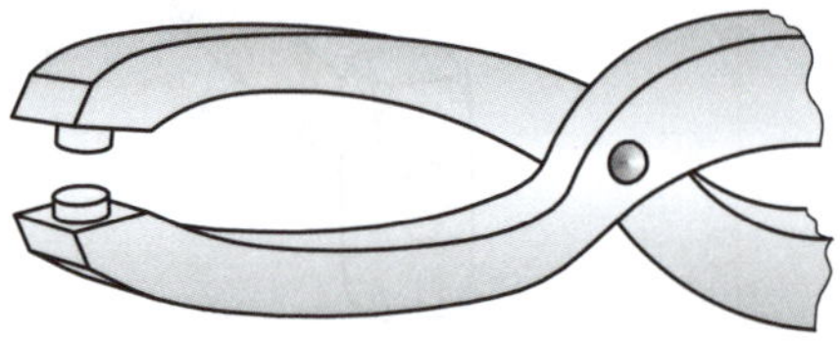 |
| -Zange | -Zange |

## 4. Ambossgesenke

Sie kennen:

Zusätzliche Gesenke:

| | | |
|---|---|---|
| 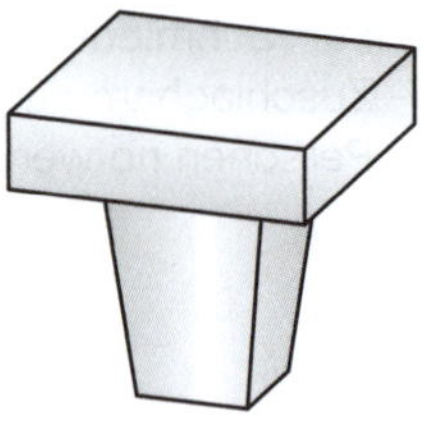 | 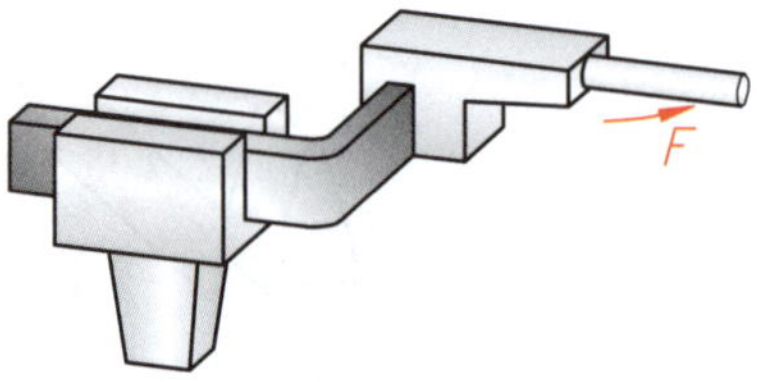 | 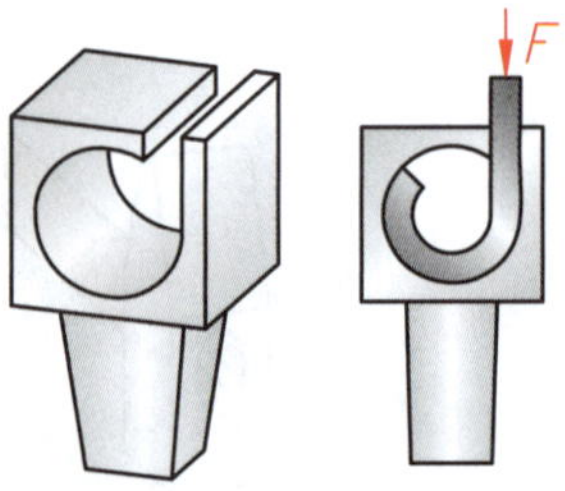 |
| | | |

## C. Formgebung durch Freiformschmieden

Beim Freiformschmieden mit der Hand wird das erwärmte Werkstück mit dem Hammer auf dem Amboss geformt. Das Schmiedestück wird nicht in einem Gesenk hergestellt, sondern frei auf dem Amboss geformt (= Freiformschmieden).

Dieses Verfahren eignet sich für die Einzelanfertigung.

**Schmiedetechniken**

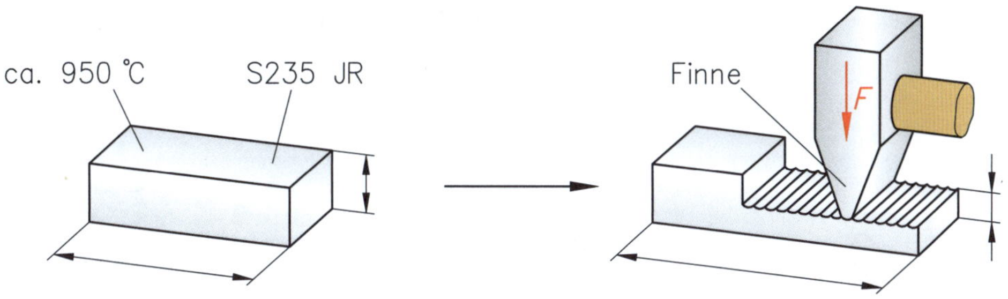


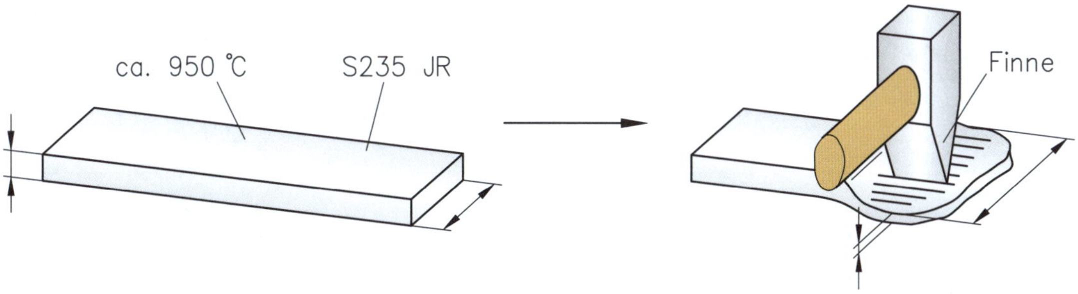


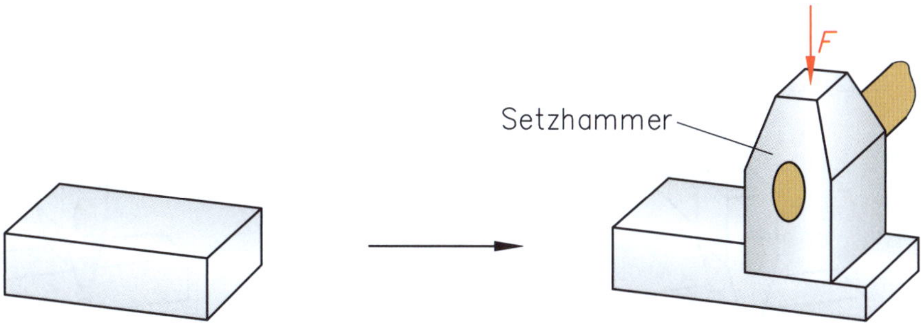


oder

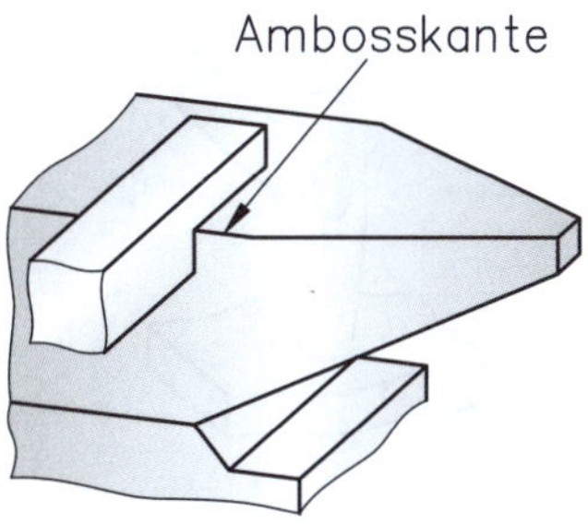


oder

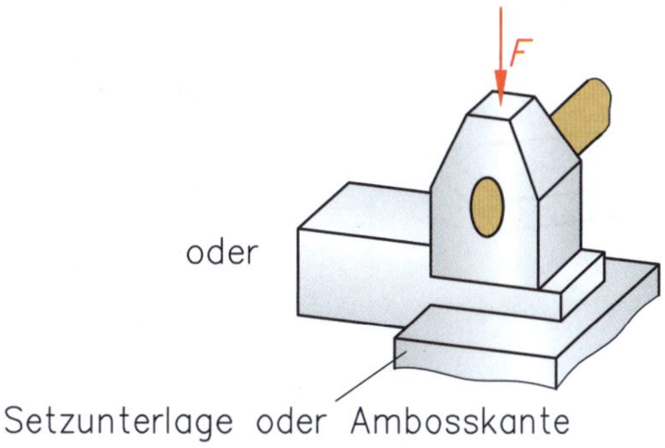

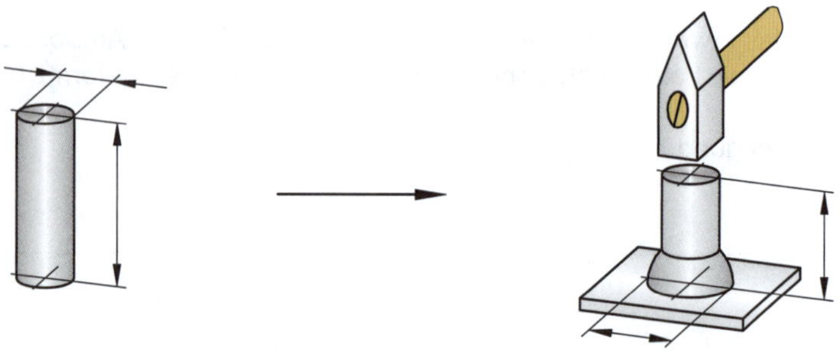

Lange Werkstücke:

Kurze Werkstücke:

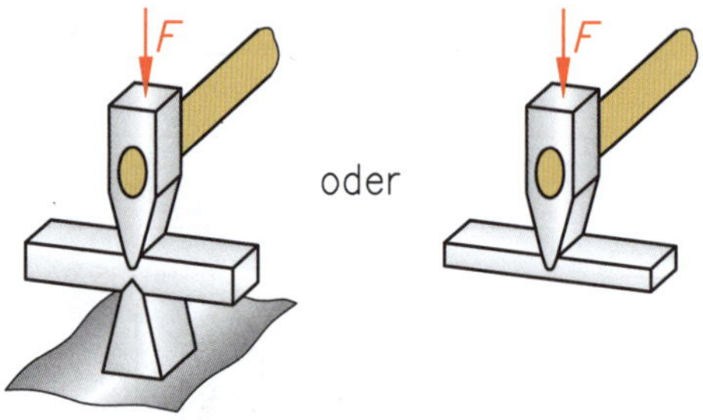


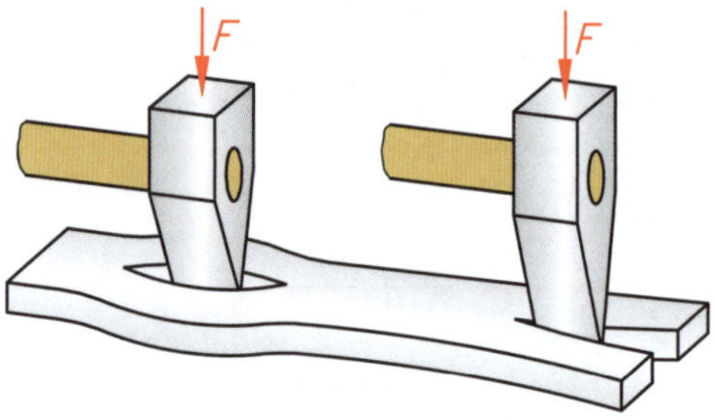


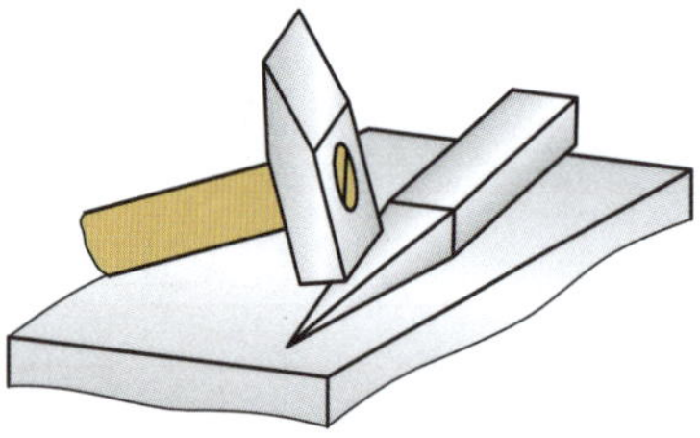

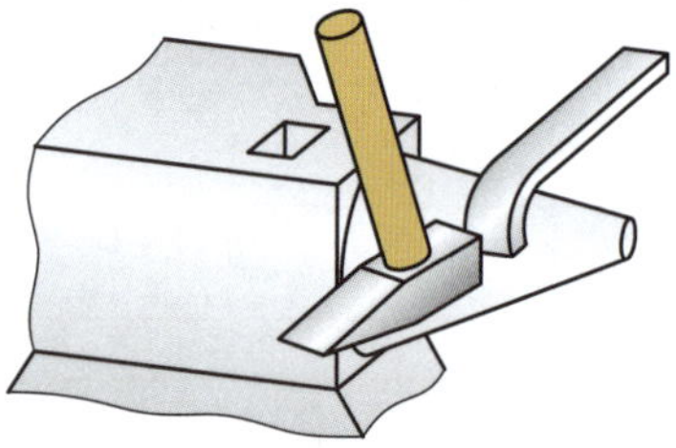

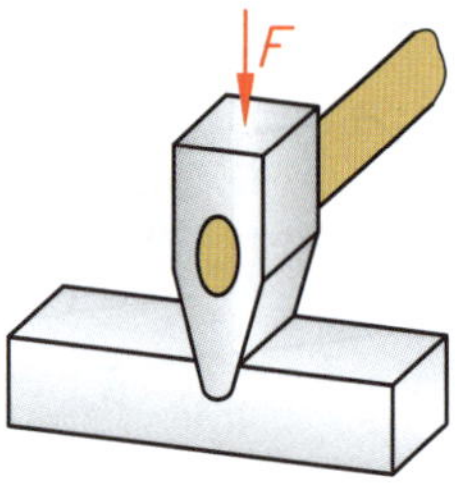


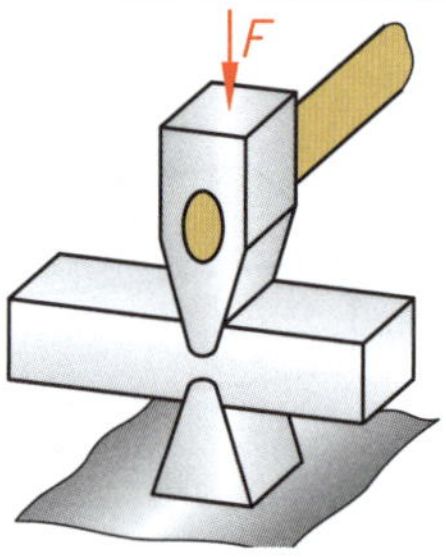


Beim Kehlen werden Vertiefungen ohne Faserunterbrechung hergestellt.

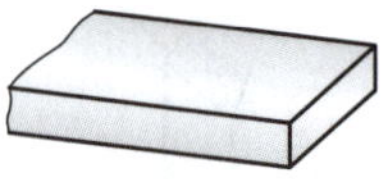

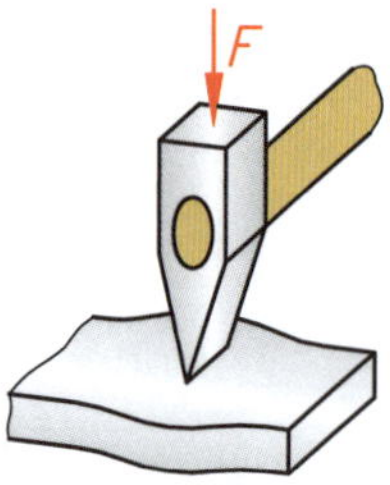


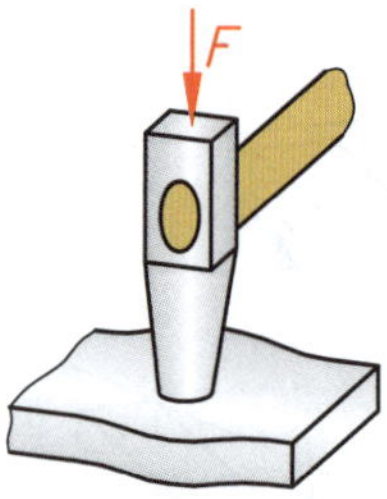


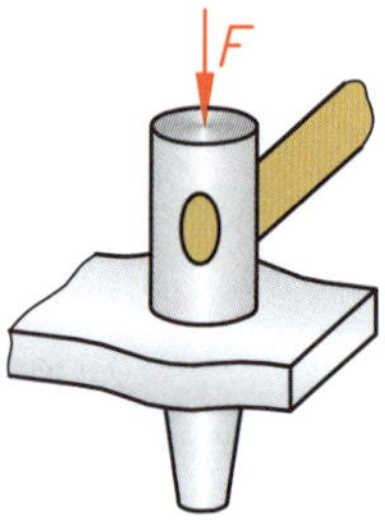

| Konstruktionsmechanik | Datum: | Umformen von Profilen | Lernfeld 7 |
|---|---|---|---|
| Name: | Klasse: | *Warmumformen durch Schmieden* | 8 |

## D. Gesenkschmieden

Beim Gesenkschmieden wird ein auf Schmiedetemperatur erwärmtes Rohteil durch ein zweiteiliges Gesenk (= Hohlform) auf Form geschlagen oder gepresst.

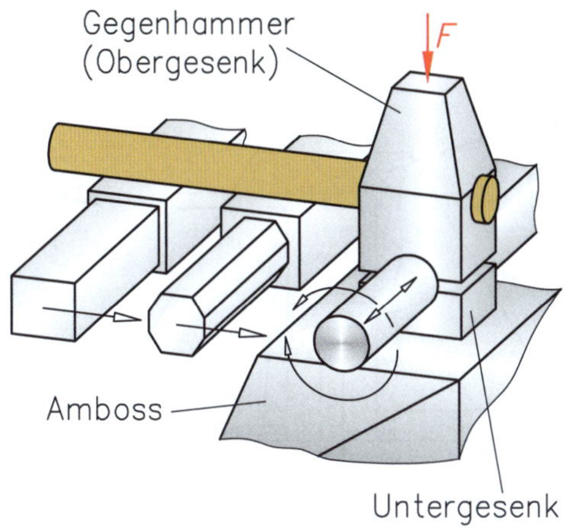


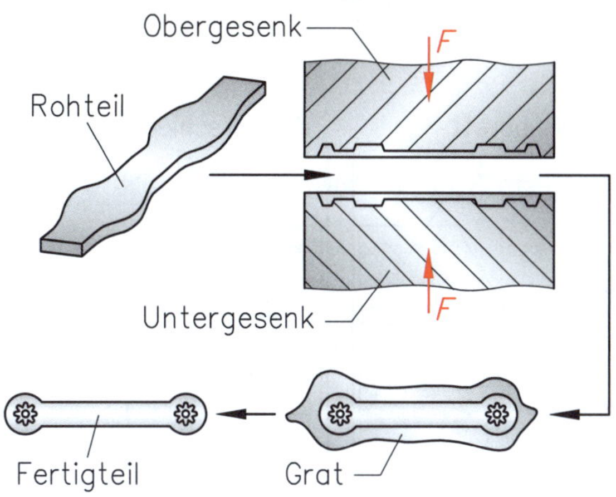


| Gesenkschmieden von Hand | Gesenkschmieden mit Maschinen |
|---|---|
| **Vorteile:** | **Vorteile:** |
| **Nachteile:** | **Nachteile:** |

## E. Prüfwerkzeuge beim Schmieden

| | | | | | |
|---|---|---|---|---|---|
|  | 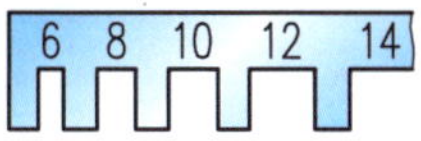 |  | 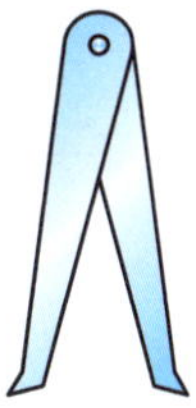 | 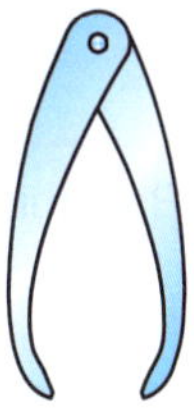 |  |
| | | | | | |



## F. Unfallverhütung

1. Stets eine Lederschürze tragen.
2. Schmiedestück flach auf die Schmiedefläche des Ambosses legen.
3. Passende Schmiedezangen verwenden.
4. Ärmel stets nach innen umkrempeln.
5. Beim Abschroten eine Auffangvorrichtung verwenden.
6. Vorsicht vor glühenden und heißen Schmiedewerkstücken.
7. Beim Halten großer Werkstücke mit Zangen immer einen Spannring verwenden.

| Konstruktionsmechanik | Datum: | **Umformen von Profilen** | Lernfeld 7 |
|---|---|---|---|
| Name: | Klasse: | *Schmiedemaschinen* | **9** |

## A. Schmiedehämmer (Maschinen)

| **Freifallhammer** zum Gesenkschmieden (Zweiständermaschine) | **Beschleunigungshammer** zum Freiformschmieden (Zweiständermaschine) |
|---|---|

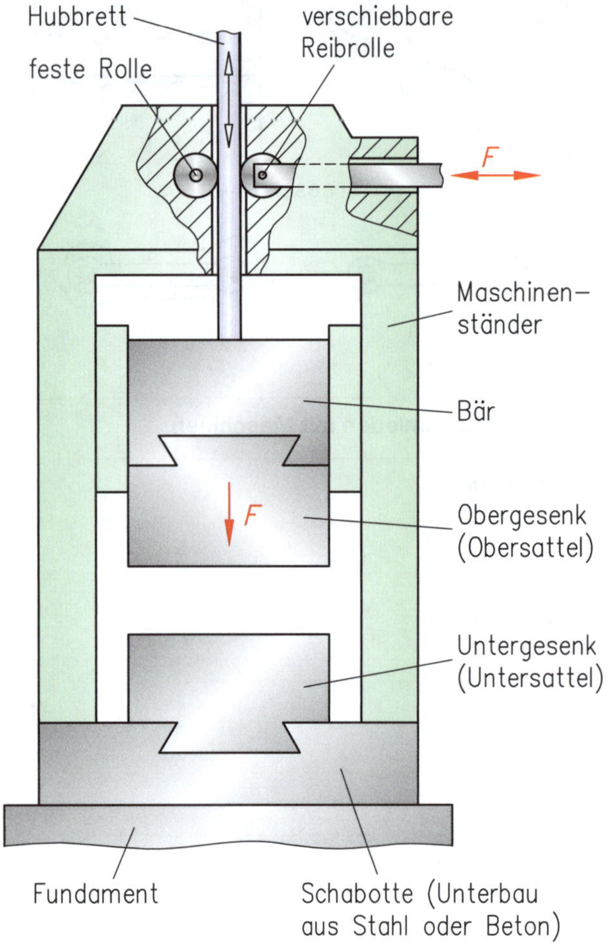


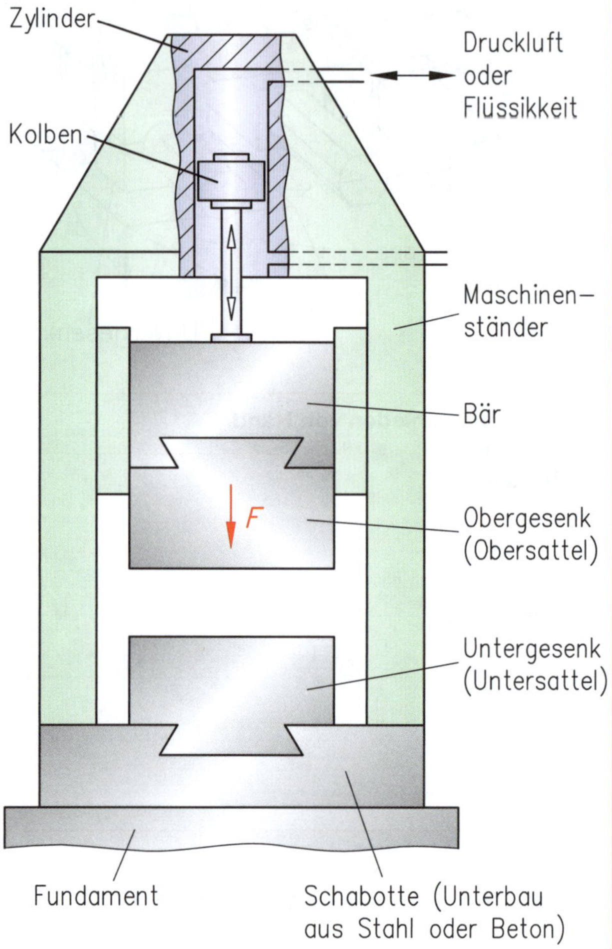


| Hochfahren des Bärs mithilfe von | |
|---|---|
| Ketten- oder Riemenzug, Hubluft oder Huböl | |
| **Umformarbeit durch** | |
| | |

**Merke:** Beim Herabfallen des Bären wird die gespeicherte Energie (Lageenergie) in Bewegungsenergie (kinetische Energie) umgewandelt.

**Gegenschlaghammer**

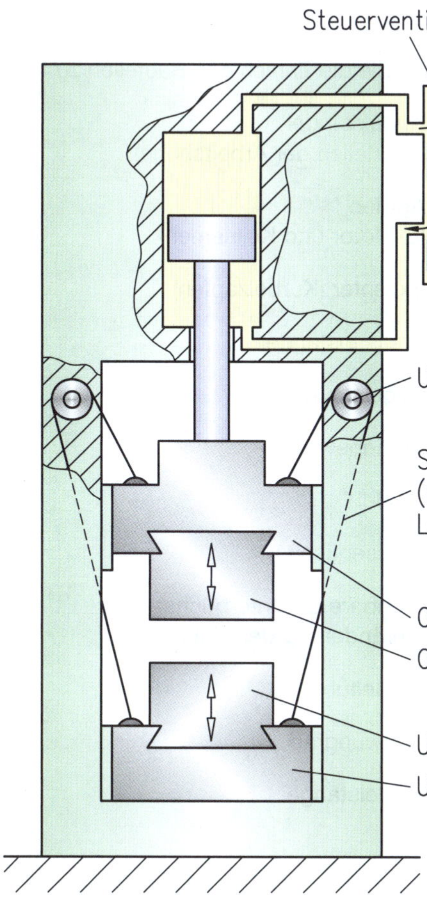


Der Gegenschlaghammer ist eine

-Maschine.

Der Oberbär fährt nach unten.
Welche Folge hat dies auf den Unterbären?

| | |
|---|---|
| Masse des Bären | bis 32 000 kg |
| Schlagzahl | 30–60/min |
| Schlaggeschwindigkeit | ca. 7 m/s |

**Federhammer (Einständermaschine)**

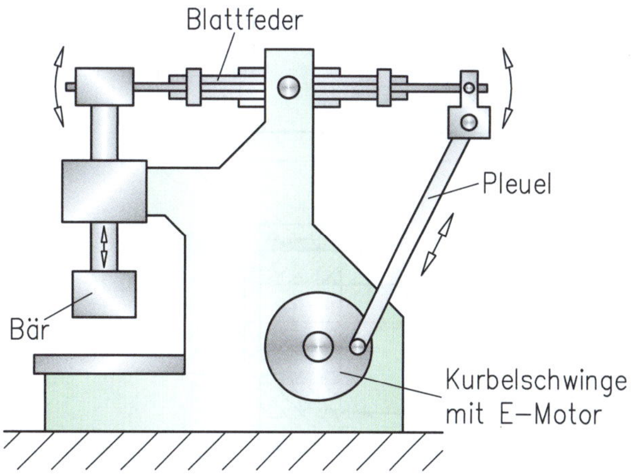


## B. Schmiedepressen

### 1. Mechanische Schmiedepressen

**Spindelpresse**

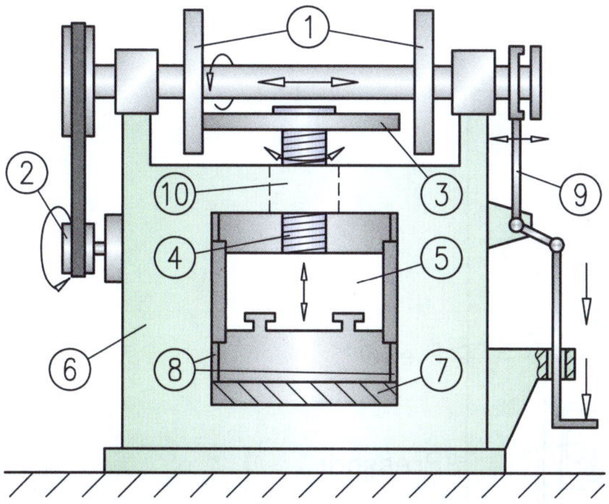


Durch das Verschieben der beiden Reibscheiben kann die Bewegungsrichtung der Gewindespindel geändert werden.

Ordnen Sie die Zahlen den Bauteilen zu.

- ◯ Pressenständer
- ◯ Verstellbare Reibräder
- ◯ Schwungrad
- ◯ Antrieb (E-Motor und Keilriemen)
- ◯ Mehrgängige Gewindespindel
- ◯ Stößelführung
- ◯ Spindelmutter
- ◯ Pressentisch
- ◯ Schaltgestänge
- ◯ Pressbär

Überlegen Sie: Wie verändert sich die Geschwindigkeit der Gewindespindel, wenn der Pressbär nach unten fährt?

**Exzenterpresse (Einständerpresse)**

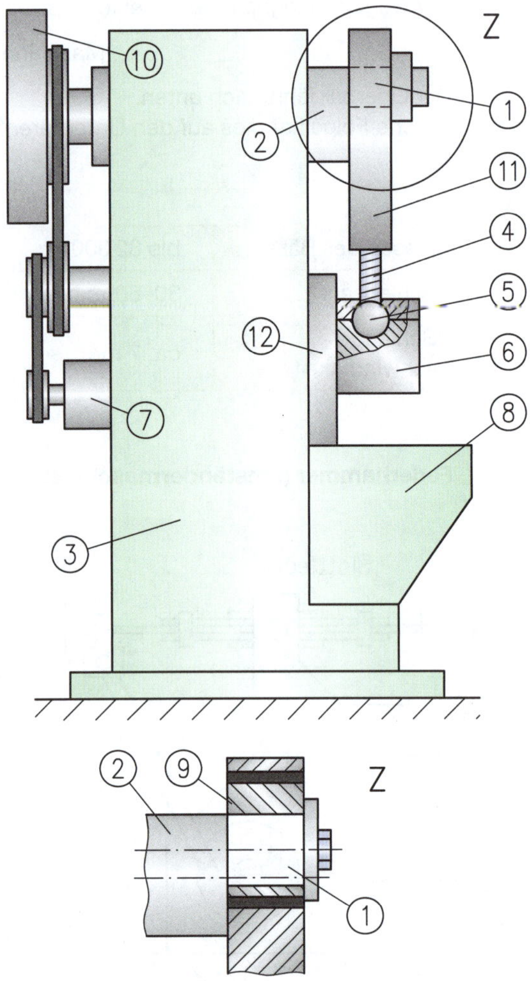


Ordnen Sie die Zahlen den Bauteilen zu.

- ◯ Kugelspindel (Einstellen der Arbeitshöhe)
- ◯ Antrieb (E-Motor und Keilriemen)
- ◯ Exzenter (Kurbelzapfen)
- ◯ Pressenständer
- ◯ Kugelzapfen
- ◯ Antriebswelle
- ◯ Stößel
- ◯ Pressentisch
- ◯ drehbare Exzenterbüchse (Veränderung des Hubs)
- ◯ Stößelführung
- ◯ Schwungrad
- ◯ Pleuelstange

Der drehende Exzenter erzeugt über die Pleuelstange eine geradlinige Bewegung des Stößels.

**Kurbelpresse**

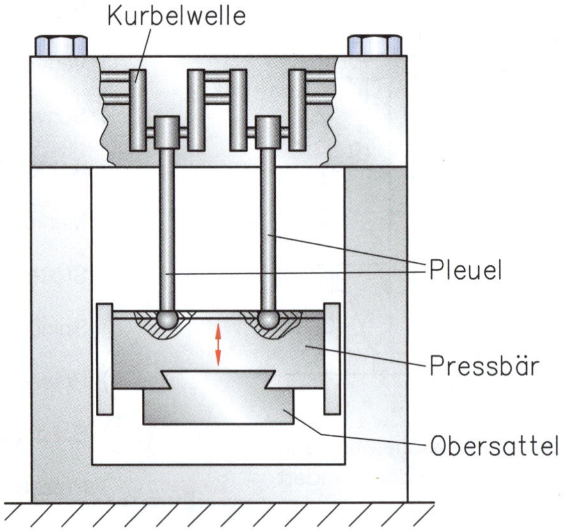


Welches Bauteil ersetzt hier den Exzenter?

**2. Flüssigkeitsbetriebene Schmiedepressen**

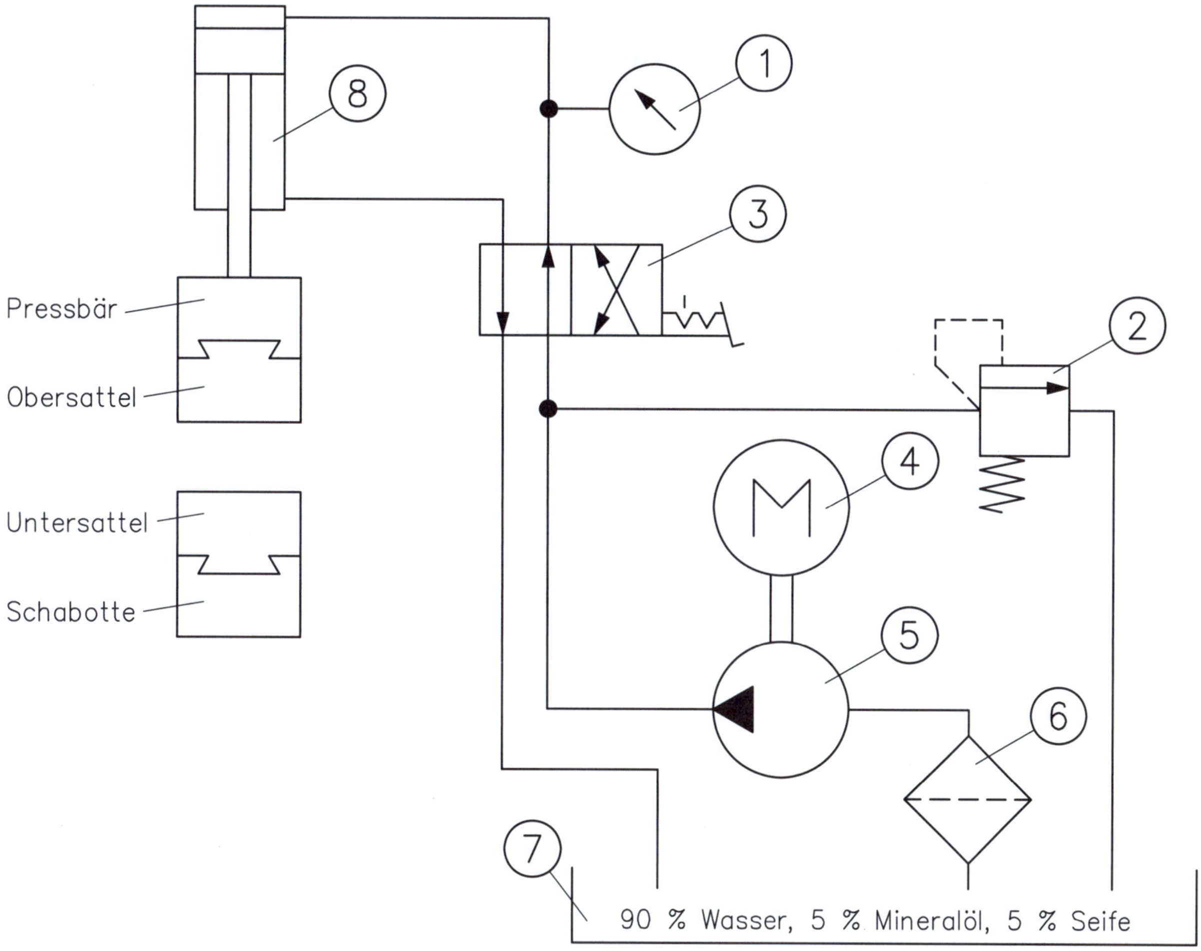


Aus Sicherheitsgründen darf als Druckflüssigkeit reines Mineralöl hier nicht verwendet werden.

Erklären Sie die Bauteile des Flüssigkeitsantriebs.

① __________

② __________

③ __________

④ __________

⑤ __________

⑥ __________

⑦ __________

⑧ __________

**1. Aufgabe:** Der Kolben einer Schmiedepresse hat einen Durchmesser von 800 mm. Der Anlagendruck beträgt 200 bar.

a) Wie groß (in kN) ist die Presskraft der flüssigkeitsbetriebenen Schmiedepresse?

b) Bei älteren Schmiedepressen ist die Presskraft in Tonnen angegeben. Rechnen Sie das Ergebnis in Tonnen um.

**2. Aufgabe:** Eine flüssigkeitsbetriebene Schmiedepresse soll die Kraft von 8 MN erzielen. Der Flüssigkeitsdruck beträgt 250 bar.

Wie viel mm Durchmesser muss der Kolbendurchmesser der Presse haben?

**3. Aufgabe:** Eine 12-MN-Schmiedepresse hat einen Kolbendurchmesser von 800 mm.
Mit wie viel bar arbeitet die Presse?

**4. Aufgabe:** Der Flüssigkeitsdruck in einer Schmiedepresse beträgt 175 bar, die Kolbenfläche misst 50 $dm^2$.
Berechnen Sie den Kolbendurchmesser (in mm) und die Presskraft (in MN).

**A.** An einem Quadratstahl mit dem Querschnitt 60 x 60 mm soll durch Schmieden ein 90 mm langer Zapfen 50 x 20 mm abgesetzt werden. Das Schmiedeteil einschließlich Zapfen ist 200 mm lang.

a) Welche Länge (in mm) muss für den Zapfen als Schmiedezugabe gerechnet werden?

b) Für Abbrand wird ein Zuschlag von 20 % angenommen.
Welche Schmiedezugabe (in mm) einschließlich Zuschlag für Abbrand muss jetzt berücksichtigt werden?

c) Welche Rohlänge (in mm) muss das Schmiedeteil vor der Bearbeitung haben?

**Vereinbarung:** Die Maße des Rohteils erhalten den Index „1“,
die Maße des geschmiedeten Teils den Index „2“.

**Geg.:**

**Ges.:** a) b) c)

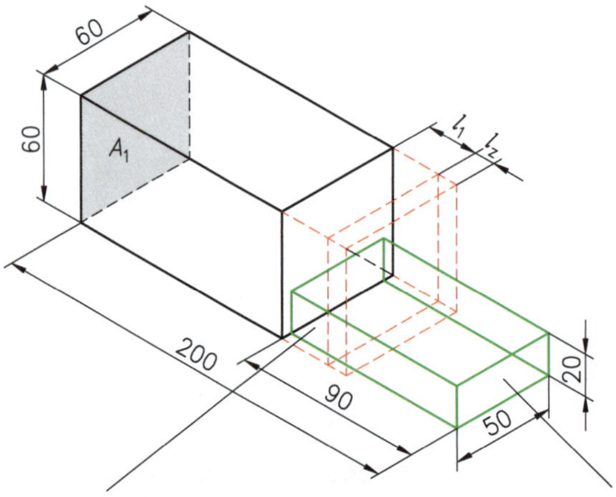


Volumen der Schmiedezugabe ohne Abbrand

Volumen des angeschmiedeten Zapfens

a) =

=

=

=

=

b) Durch das Erwärmen auf Schmiedetemperatur geht wegen der Bildung von Zunder Material verloren. Dieser Verlust wird als Abbrand bezeichnet und prozentual der Schmiedezugabe ohne Abbrand dazugerechnet:

100 % ≙

1 % ≙

% ≙ =

$l_1 + l_Z$ =

$l_1 + l_Z$ =

Oder kürzer:

$l_1 + l_Z$ =

$l_1 + l_Z$ =

c) $l_{ges}$ =

$l_{ges}$ =

**B.** Kann das Volumen eines Schmiedeteils wegen seiner unregelmäßigen Form nicht berechnet werden, so kann sein Volumen mithilfe der Masse und der Dichte bestimmt werden.
Für ein Schmiedeteil aus Stahl wurde die Masse von 4,71 kg ermittelt.
Wie lang (in mm) muss das Rohteil aus Quadratstahl mit 50 mm Seitenlänge sein, wenn Abbrandverluste unberücksichtigt bleiben?

**Geg.:**

**Ges.:**

1. **Aufgabe:** An einem Flachstahl 60 x 40 mm soll ein Zapfen mit 40 mm Durchmesser und 80 mm Länge angeschmiedet werden.
Wie viel Millimeter müssen dem Flachstahl vor dem Schmieden dazugerechnet werden, wenn der Zuschlag für Abbrand mit 16 % angenommen wird?

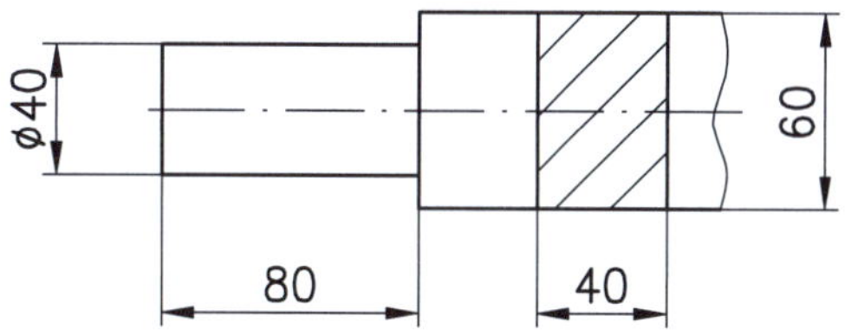


2. **Aufgabe:** Ein beschädigtes schmiedeeisernes Türband (siehe Skizze) soll ersetzt werden. Das noch vorhandene Band wiegt 1,18 kg.
Welche Länge (in mm) muss ein Flachstahl 100 x 10 mm aus S 235 JR bei 10 % Abbrand haben?

**3. Aufgabe:** An einem Rundstahl mit 80 mm Durchmesser wird ein quadratischer Zapfen 40 x 40 mm mit 100 mm Länge angeschmiedet.
Wie viel Millimeter beträgt die Schmiedezugabe? Abbrandverluste werden nicht berücksichtigt.

**4. Aufagbe:** Welche Rohlänge (in mm) muss das Schmiedeteil vor der Bearbeitung haben, wenn mit 20 % Abbrandverlust gerechnet wird?

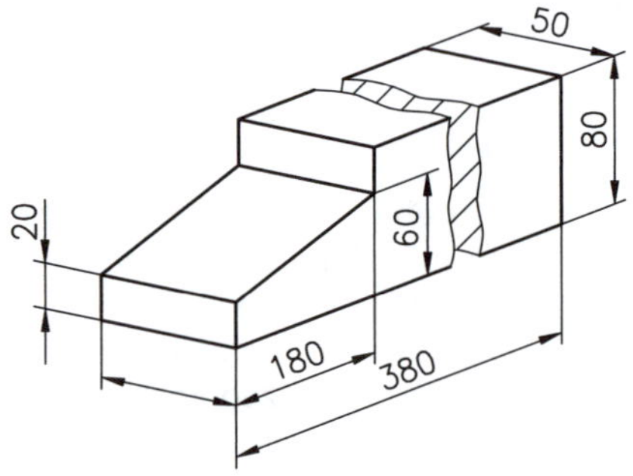


**5. Aufgabe:** An Vierkantstäbe mit 30 mm Kantenlänge werden pyramidenförmige Spitzen mit 120 mm Länge angeschmiedet.
Mit welcher Schmiedezugabe (in mm) muss bei 10 % Abbrand gerechnet werden?

**6. Aufgabe:** Wie viel Millimeter müssen bei 15 % Abbrandverlust als Schmiedezugabe gerechnet werden?

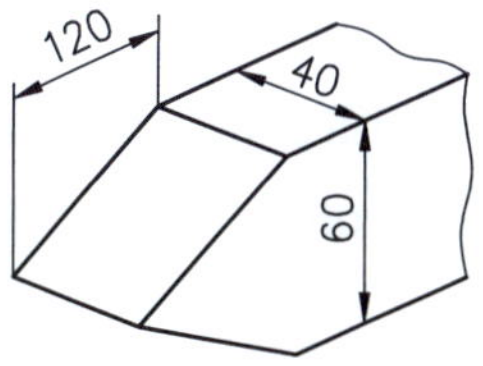


**7. Aufgabe:** In einem Gesenk sollen aus Rundstahl mit 40 mm Durchmesser Hülsen gepresst werden (siehe Skizze). Berechnen Sie die Rohlänge (in mm), wenn keine Abbrandverluste entstehen.

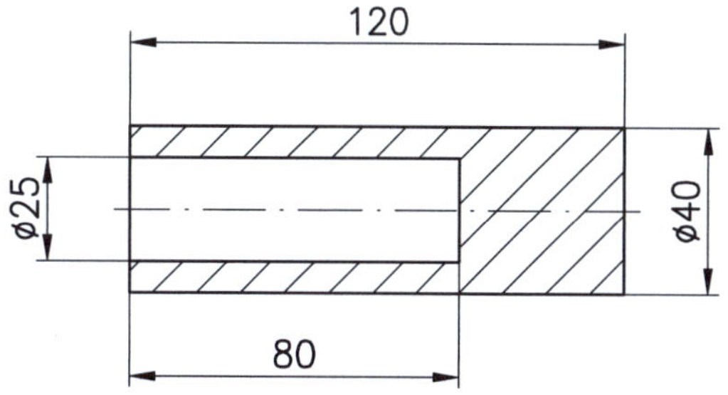

Durch das Härten werden Stähle hart und verschleißfest.

## A. Härtungsvorgang

Ordnen Sie den Skizzen die folgenden Begriffe zu.
Heizspirale, Glühkammer (z. B. 780 °C), Abschreckflüssigkeit (z. B. Wasser, 20 °C), Härteofen, Werkstück (z. B. C100).
Benennen Sie die drei skizzierten Härtestufen.

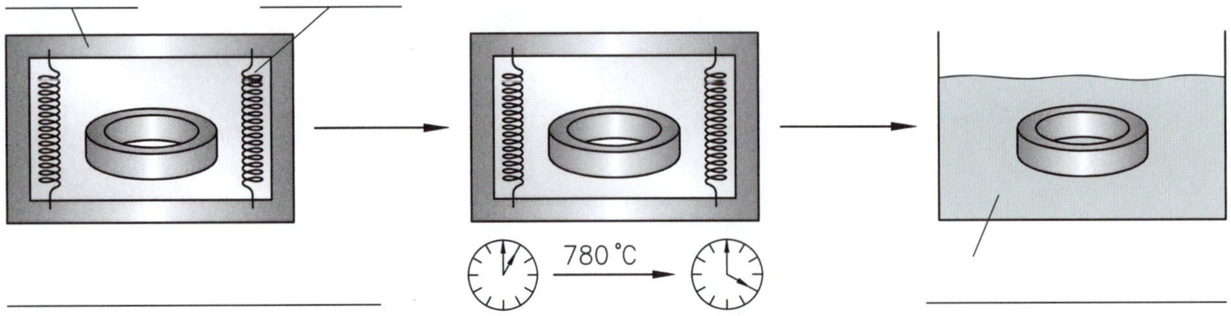


## B. Härtungsvorgang im Kristallgitter

(○ = Eisenion, ● = Kohlenstoffatom)

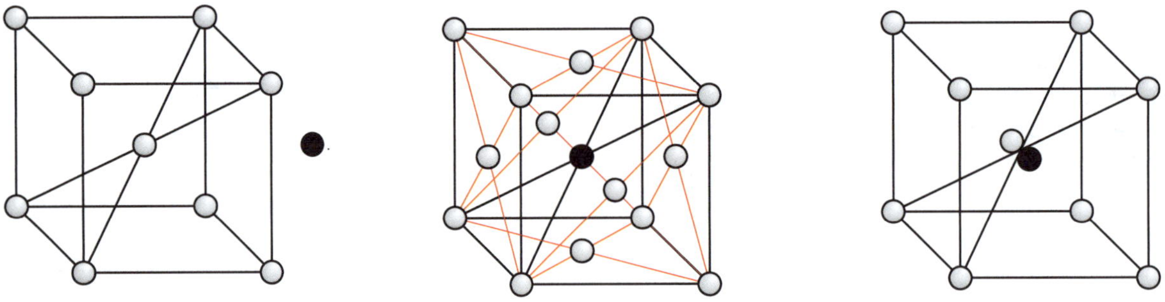

| Langsames Erwärmen | Halten der Härtetemperatur | Abschrecken |
|---|---|---|
| Gitter | Gitter | Gitter |
| Gefüge: Ferrit | Gefüge: Austenit | Gefüge: Martinsit |
| Würfelmitte: | Würfelmitte: | Würfelmitte: |

## C. Härtestufen

**1. Erwärmen**

Das Stahlwerkstück wird im Härteofen (Glühofen) langsam auf 700 °C erwärmt.
Welche schädlichen Auswirkungen hat eine zu rasche Erwärmung?

Damit die Bildung eines grobkörnigen Gefüges vermieden werden kann, wird das Werkstück zwischen 700 °C und Härtetemperatur rasch erwärmt.

Härtetemperatur

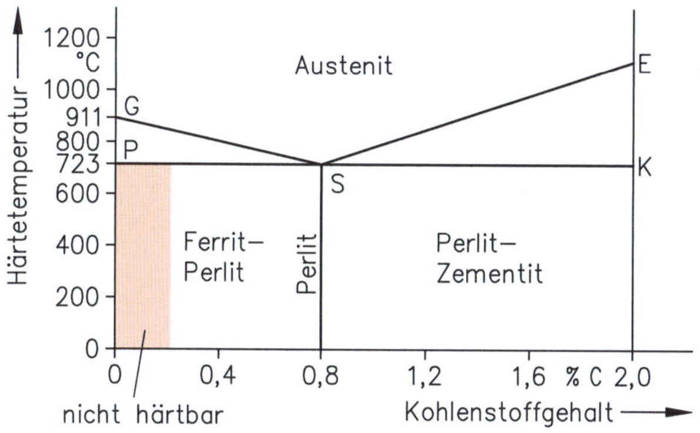


Der Vorgang des Härtens beruht auf der gleichmäßigen Verteilung des Kohlenstoffs im Austenitgefüge. Damit sich der gesamte Perlit in Austenit verwandelt, muss die Härtetemperatur 30 bis 60 °C über der Linie GSK im Eisen-Kohlenstoff-Diagramm liegen.

**Aufgabe:**

a) Zeichnen Sie die Härtetemperatur in das Diagramm ein.

b) Bestimmen Sie die Härtetemperatur für C 60 und C 120.

C 60: ca. ________ °C

C 120: ca. ________ °C

**2. Halten der Härtetemperatur**

Das Gefüge kann sich im gesamten Stahlwerkstück in Austenit verwandeln.

**3. Abschrecken** (rascher Wärmeentzug)

**a) Abschreckwirkung**

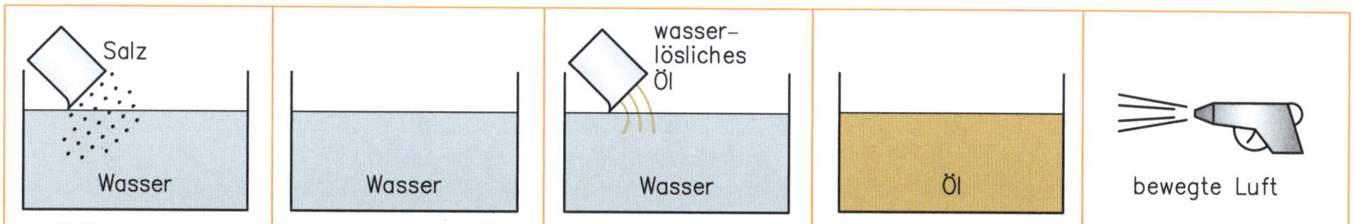


**b) Richtiges und falsches Eintauchen der Werkstücke**

**Aufgabe:** 1) Streichen Sie falsche Eintauchtechniken durch.

2) Ergänzen Sie die Tauchbewegungen durch Pfeile.

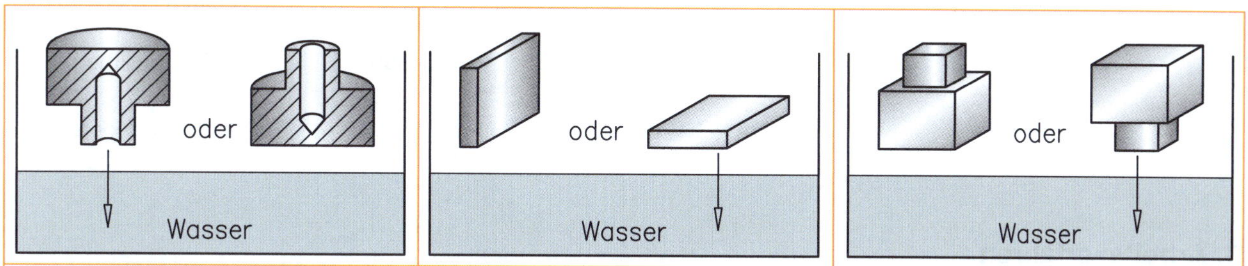


| | | |
|---|---|---|
| Grund- oder Sackbohrungen nach oben offen eintauchen.<br>Begründung: | Schmale Flächen voraus eintauchen.<br>Begründung: | Großes Volumen voraus eintauchen.<br>Begründung: |

**Aufgabe:** Vervollständigen Sie die Tabelle.

| Stahlart | Abschreckmittel | Härtetemperatur | Härtetiefe | Arbeitstemperatur |
|---|---|---|---|---|
| Unlegierte Werkzeugstähle (0,6 – 1,5% C) | | | | bis 200 °C |
| Niedrig legierte Werkzeugstähle (0,2 bis 1,5% C) ___ 5% Legierungsbestandteile | | | | bis 400 °C |
| Hoch legierte Werkzeugstähle (bis 2% C) ___ 5% Legierungsbestandteile | | | | bis 600 °C |

| Konstruktionsmechanik | Datum: | Umformen von Profilen | Lernfeld 7 |
|---|---|---|---|
| Name: | Klasse: | *Anlassen* | 12 |

Unter Anlassen versteht man ein Wiedererwärmen der gehärteten Stahlwerkstücke (Glashärte).

## A. Zweck

Welchen Zweck hat das Anlassen?

a) ______________________________

______________________________

b) ______________________________

## B. Vorgang

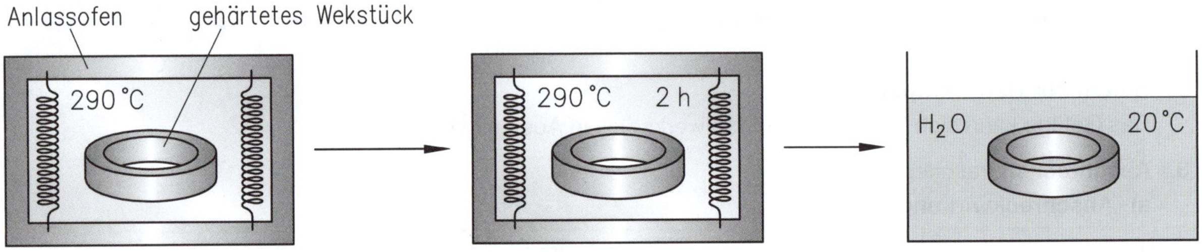


______________ ______________ ______________

______________ ______________ ______________

## C. Anlasstemperaturen und Temperaturmessung

Vervollständigen Sie die Tabelle.

| Stahlart | Werkstoffbeispiele | Anlasstemperatur | Temperaturmessung |
|---|---|---|---|
| ______________ Stähle | C100 U, C80 U | 200–350 °C | Anlassfarben auf der blanken Stahloberfläche |
| ______________ Stähle | 145 CrV6 | 200–350 °C | z. B. Metallthermometer |
| ______________ Stähle | X120CrMo 1–2 | bis 650 °C | z. B. Thermoelement |

## D. Arbeitsverfahren

**a) Anlassen von außen** (______________-Wärme)

**Wärmezuführung**

Benennen Sie die skizzierten Wärmequellen.

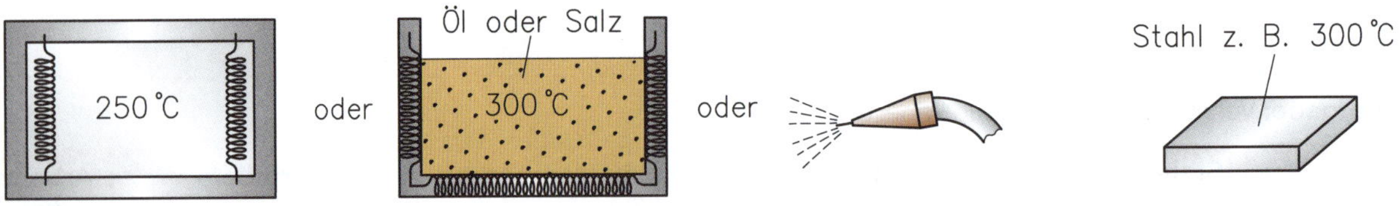


______________ ______________ ______________ ______________

**Arbeitsbeispiele:** ______________________________

**b) Anlassen von innen** (______________-Wärme)

Viele Werkzeuge werden nur teilgehärtet. Nennen Sie einige dieser Werkzeuge.

______________________________

**Härten und Anlassen eines Flachmeißels**

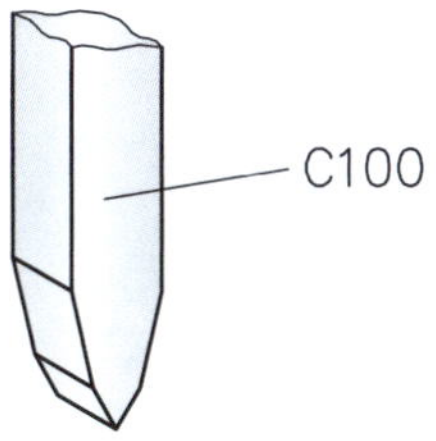


1. Geschmiedeter und geschliffener Flachmeißel.

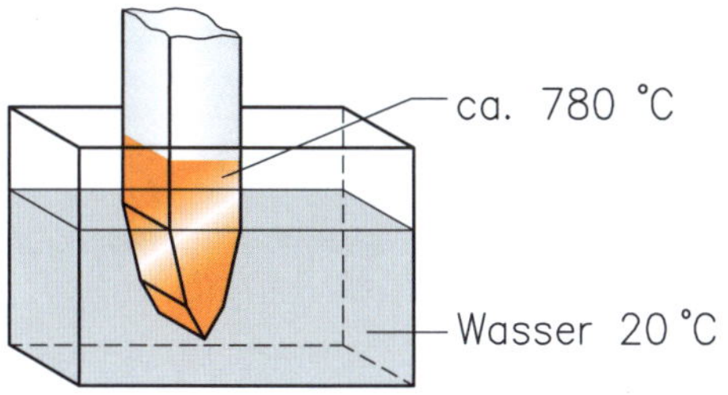


2. Durch das Härten ist der Flachmeißel an der Schneide glashart.

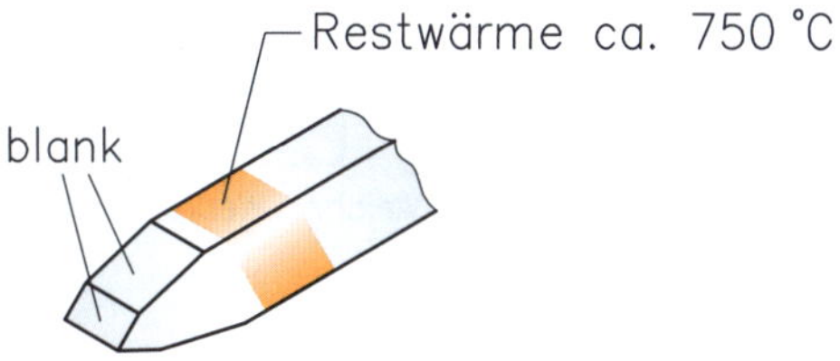


3. Mit dem Abziehstein wird die Meißelschneide blank gemacht.

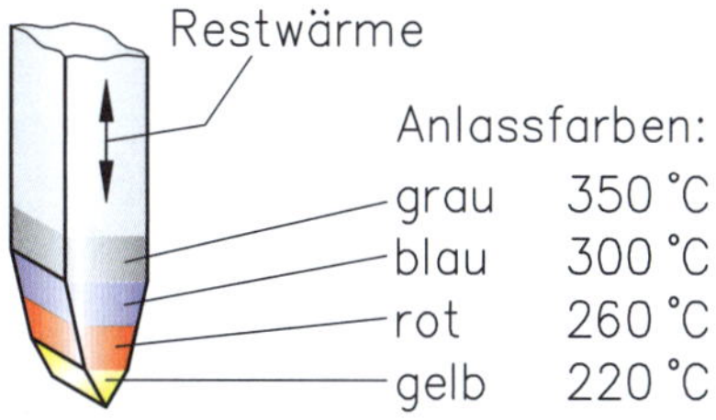


4. Da im Meißelschaft noch Restwärme vorhanden ist, laufen die Anlassfarben zur blanken Schneide.

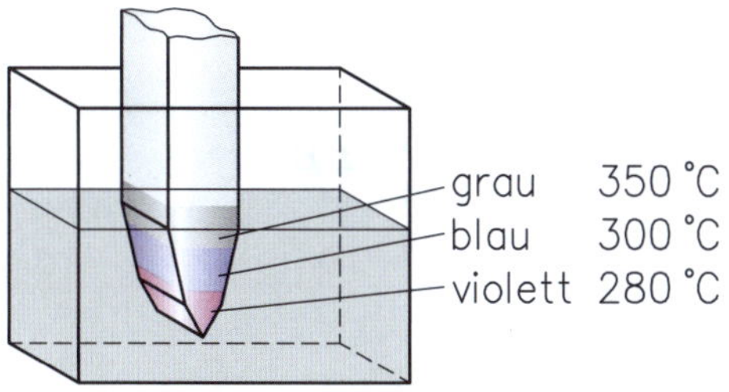


5. Richtige Anlassfarbe an der Schneide und endgültiges Abschrecken erbringt die Gebrauchshärte.

**Vergüten**

Durch das Vergüten erhält der Stahl eine hohe Festigkeit. Nennen Sie Beispiele.

**Vorgang:** Das Vergüten ist ein Härten mit nachfolgendem Anlassen auf hohe Temperaturen.

Vergütungsstähle haben 0,2 bis 0,6% C-Gehalt.

| Werkstoffe | Stahlart | Anlasstemperatur | Festigkeit |
|---|---|---|---|
| C 45 U, C 60 U | Stähle | 530 °C | bis 1 000 N/mm² |
| 34 Cr Mo 4 | Stähle | 670 °C | bis 1 400 N/mm² |

| Konstruktionsmechanik | Datum: | Umformen von Profilen | Lernfeld 7 |
|---|---|---|---|
| Name: | Klasse: | *Glühen und Aushärten von Aluminium* | 13 |

## A. Zweck

Durch die Wärmebehandlung wird das Gefüge umgeformt.
Dies bedingt eine Änderung der Härte, Festigkeit, Dehnung und der Streckgrenze.

## B. Arten der Wärmebehandlung

### 1. Glühen

**a) Aufgabe**

Ergänzen Sie die folgenden Stichwörter:
Dehnung, Umformbarkeit, Härte, Festigkeit.

______________________________

______________________________

**b) Vorgang**

Ordnen Sie die folgenden Begriffe den Skizzen zu.
Umformen, Zwischenglühen, Weichglühen.

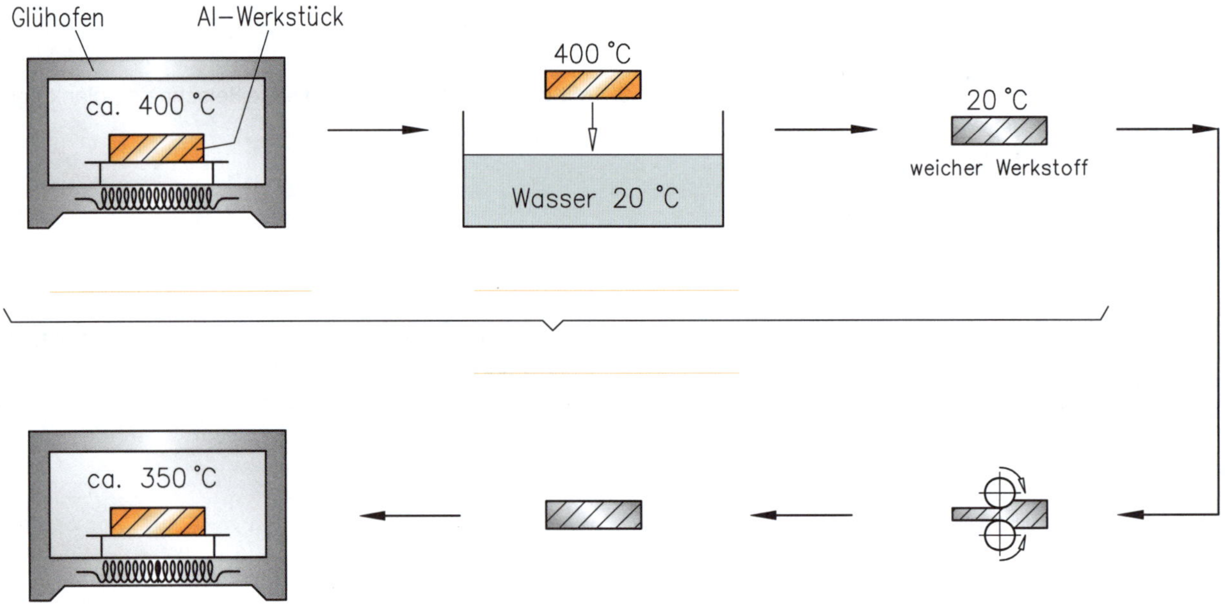


| ______________ (Rekristallisations-Glühen), Entfernung der ________ -Verfestigung | ______________ Werkstoff durch Kaltverfestigung | ______________ z. B. ______________ |
|---|---|---|

### 2. Aushärten (Ausscheidungshärten)

Die Festigkeit einer Al-Legierung kann durch die Legierungsbestandteile Cu, Zn, Mg und Si erhöht werden.
Welcher Nachteil ergibt sich aber dadurch?

______________________________

______________________________

**Aushärtungsvorgang**

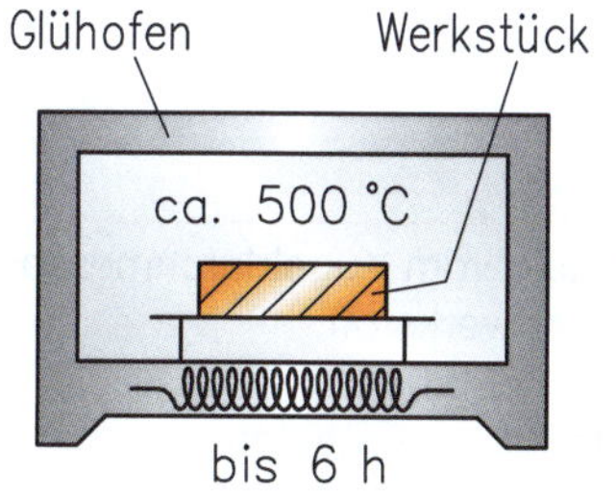


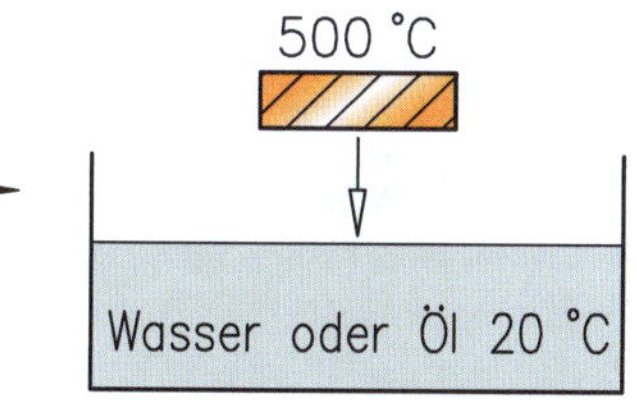

Endhärte nach ca. 5 Tagen

Die Legierungsbestandteile vermischen sich mit den Al-Kristallen (Mischkristall).

Die Legierungsbestandteile werden im Gefüge festgehalten. Das Werkstück ist noch weich und leicht verformbar.

oder

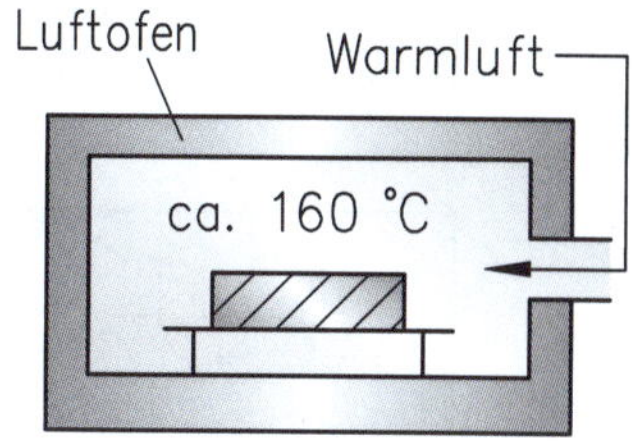


Endhärte nach 2 bis 10 h

Durch das Auslagern wird das Gefüge verspannt. Folge:

Welche Folgen hat das Wiedererwärmen (z. B. durch Schweißen, Löten) von ausgehärteten Al-Werkstücken?

### 3. Aushärtbare Werkstoffe

**Aufgabe:** Wählen Sie aus den gegebenen Al-Legierungen aushärtbare Werkstoffe aus.

| | | |
|---|---|---|
| EN AW–Al 99,98 | EN AW–Al Cu4Mg1 | EN AW–AlMn1 |
| EN AC-Al Si12Mg2 | EN AW–Al Mg4Mn0,7 | EN AW–Al Mg3 Si1 |

### 4. Aushärtungs-Schaubild

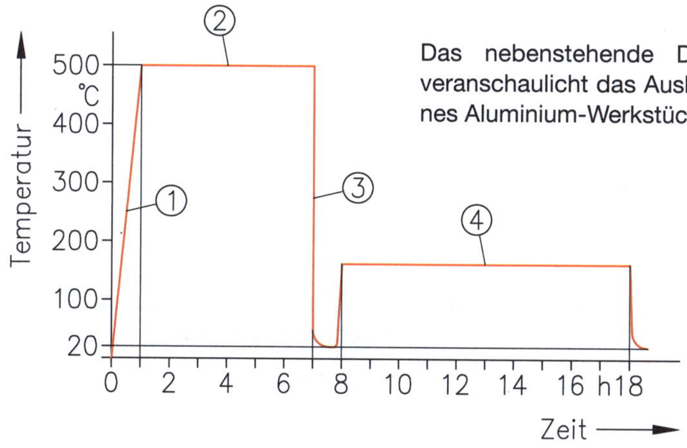


Das nebenstehende Diagramm veranschaulicht das Aushärten eines Aluminium-Werkstücks.

**Aufgabe:**

a) Welche Auslagerungsart wurde angewendet?

b) Ordnen Sie die aufgeführten Benennungen den Zahlen zu.

◯ Abschrecken
◯ Erwärmen
◯ Auslagern
◯ Glühen

Härte ist der Widerstand, den ein Körper dem Eindringen eines Prüfkörpers entgegensetzt.

## A. Härteprüfung mit Maschinen

### 1. Härteprüfung nach Brinell (HB)

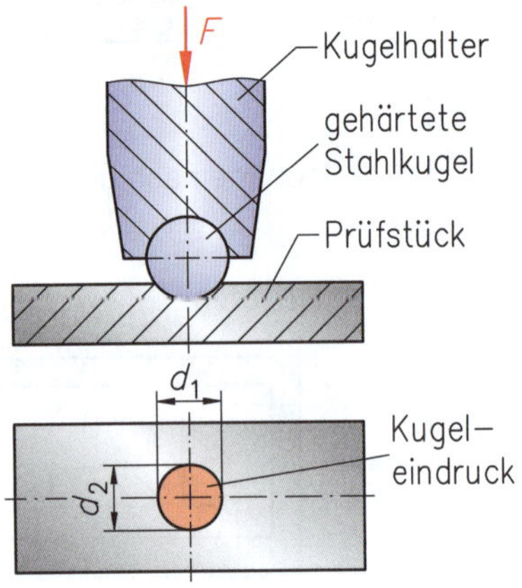


$$d = \frac{d_1 + d_2}{2}$$

| | |
|---|---|
| Prüfkraft *F* | Abhängig vom Kugeldurchmesser und vom Prüfwerkstoff.<br>*F* = 9,8–29420 N<br>senkrecht zur Prüffläche |
| Gehärtete Stahlkugel (HBS) oder Hartmetall (HBW) | ∅ 1, ∅ 2, ∅ 2,5, ∅ 5, ∅ 10 mm<br>Der Durchmesser ist von der Dicke des Prüfstücks abhängig. |
| Prüffläche | Die Prüffläche muss eben und geschliffen sein. |
| Prüfwerkstoff | Für weiche und mittelharte Werkstoffe, z. B. ungehärteter Stahl, Gusseisen, NE-Metalle |
| Prüfzeit (Einwirkdauer) | 10–30 Sekunden, bei 10–15 Sekunden entfällt die Angabe. |

**Auswertung:** Der Eindruckdurchmesser zeigt eine bestimmte Brinellhärte HB (Tabellenwert) an.
**Normung:** Beispiel 120 HBS 5/250/30

| 120 HB | S | 5 | 250 | 30 |
|---|---|---|---|---|
| Härtewert nach Brinell | Stahlkugel | Kugeldurchmesser in mm | Prüfkraft<br>250 kg · 9,81 m/s² =<br>______ N | Einwirkdauer in s |

**Aufgabe:** Erkären Sie die folgenden Kurzzeichen

330 HBW 2,5/62,5/20: ______________________

______________________

280 HBS 5/125: ______________________

______________________

250 HBS 10/3000: ______________________

______________________

### 2. Härteprüfung nach Vickers (HV)

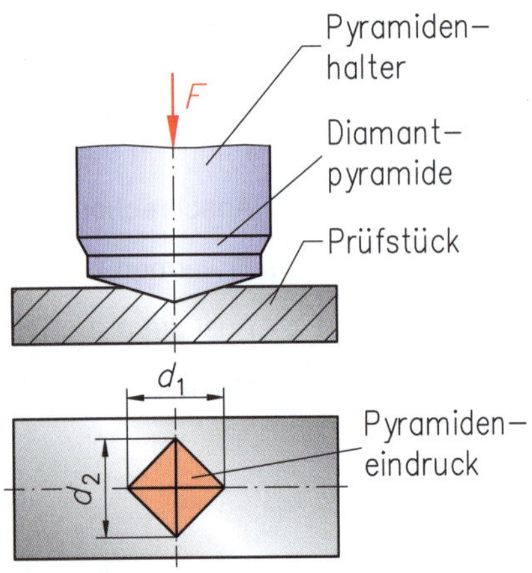


$$d = \frac{d_1 + d_2}{2}$$

| | |
|---|---|
| Prüfkraft | Dünne Prüfwerkstoffe 1,96 bis 49 N,<br>dicke Prüfwerkstoffe 49 bis 980 N<br>senkrecht zur Prüffläche |
| Diamantpyramide | Es gibt nur eine Prüfkörpergröße, Spitzenwinkel 136° |
| Prüffläche | Die Prüffläche muss eben und geschliffen sein |
| Prüfwerkstoff | Für harte und weiche Werkstoffe beliebiger Dicke |
| Prüfzeit (Einwirkdauer) | 10–30 Sekunden, bei 10–15 Sekunden entfällt die Angabe. |

**Auswertung:** Die Eindruckdiagonale zeigt eine bestimmte Vickershärte HV (Tabellenwert) an.

**Normung:** Beispiel 210 HV 50/30

| 210 HV | 50 | 30 |
|---|---|---|
| Härtewert nach Vickers | Prüfkraft 50 kg · 9,81 m/s² = ________ N | Einwirkdauer in s |

**Aufgabe:** Erklären Sie die folgenden Kurzzeichen.

530 HV 30/25: ____________________

470 HV 50: ____________________

**3. Härteprüfung nach Rockwell (HR) – Auswahl**

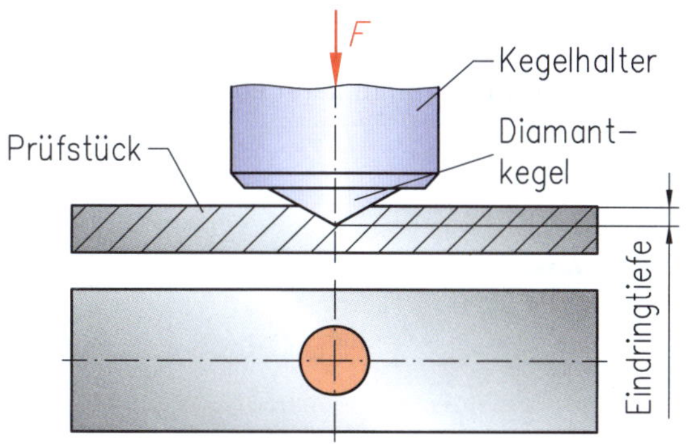


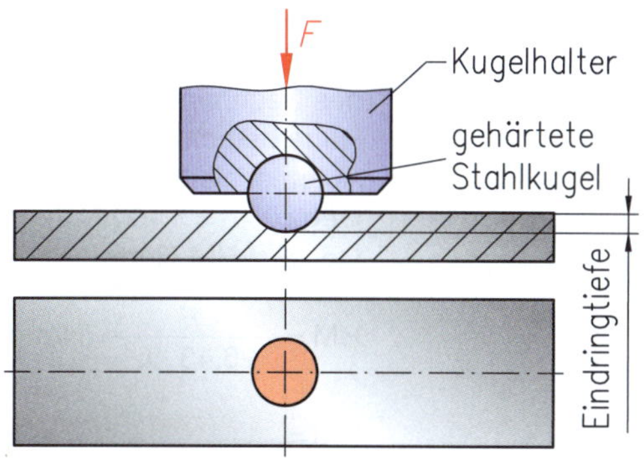


| HRC-Prüfung (C=cone=Kegel) | HRB-Prüfung (B=ball=Kugel) |
|---|---|
| Prüfkörper: Diamantkegel, Kegelwinkel 120° | Prüfkörper: Gehärtete Stahlkugel<br>Durchmesser: 1/16 Zoll = ________ mm |
| Prüfkraft: Vorkraft 98 N<br>Zusatzkraft 1 373 N<br>Gesamtprüfkraft 1 471 N | Prüfkraft: Vorkraft 98 N<br>Zusatzkraft 883 N<br>Gesamtprüfkraft 981 N |
| Prüfwerkstoff: Für gehärtete Werkstoffe | Prüfwerkstoff: Für ungehärtete Werkstoffe |

**Messvorgang:** Es wird die bleibende Eindringtiefe ermittelt. Der Härtewert kann sofort am Messgerät abgelesen werden.

**Normung:** Beispiele

56 HRC: ____________________

45 HRB: ____________________

**4. Härteprüfung nach Martens (HM)**

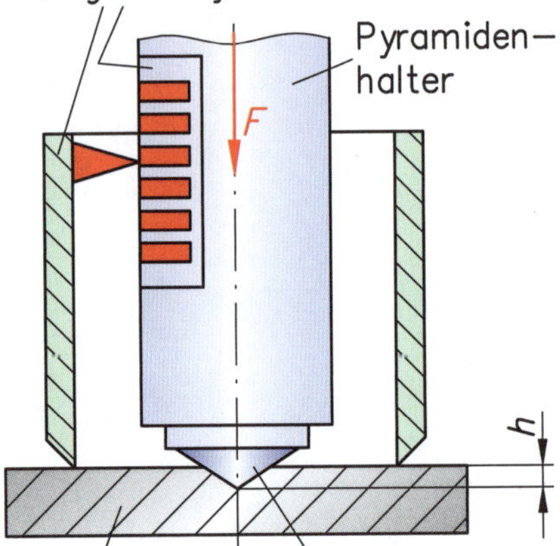


| | |
|---|---|
| Prüfkraft *F* | Ausgehend von sehr kleiner Prüfkraft bis 30 000 N senkrecht zur Prüffläche |
| Diamantpyramide | Es gibt nur eine Prüfkörpergröße. Spitzenwinkel 136° |
| Prüffläche | Die Prüffläche muss eben und geschliffen sein. |
| Prüfwerkstoff | Alle Metalle, Hartmetalle, Kunststoffe, keramische Werkstoffe usw. |
| Prüfzeit *h* (Einwirkdauer) | 10–30 Sekunden. Die Angabe der Prüfzeit kann entfallen. |

**Messvorgang:** Die Diamantspitze wird bis zur Maximalkraft in das Werkstück gedrückt und anschließend entlastet. Die einzelnen Prüfkräfte und die dazugehörigen Eindringtiefen werden mithilfe eines Rechners auf dem Bildschirm sichtbar. Das Diagramm kann ausgedruckt und die HM-Härte berechnet werden.

**Vorteil:** Automatisierter Messvorgang

**Beispiel:** **Geg.:** $F = 1\,400$ N, $h = 0{,}1029$ mm

**Ges.:** HM-Härte

$$HM = \frac{F}{26{,}43 \cdot h^2} \; (\text{N/mm}^2)$$

HM =

HM = ____________

**Normung:** HM Prüfkraft (N) / Prüfzeit (s) / Zeit für die Kraftaufbringung (s) = Härtewert (N/mm²)
Normung für das Beispiel, wenn die Prüfzeit 25 s und die Kraftaufbringung innerhalb von 20 s waren:

______________________________________________

## B. Einfache Härteprüfverfahren (überall einsetzbar)

### 1. Rückprallhärteprüfung (Shore-Härte)

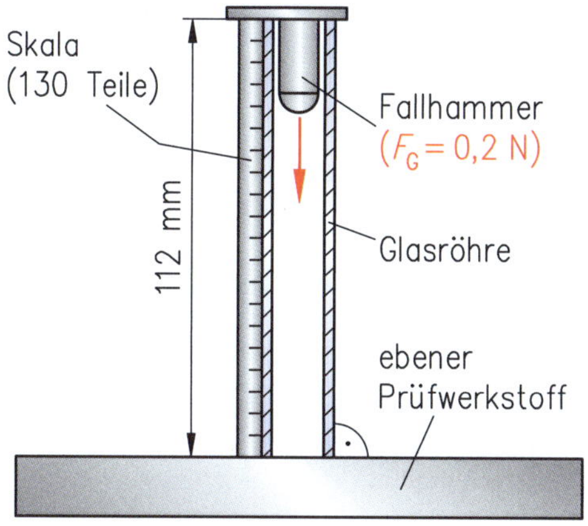


Ein Fallhammer fällt im rechten Winkel auf den Prüfwerkstoff. Der Hammer prallt zurück und bleibt durch eine Vorrichtung in der Endhöhe stehen.
An der Skala kann die Rückprallhärte abgelesen werden.

| Rückprallhöhe | | Prüfwerkstoff |
|---|---|---|
| groß | → | |
| klein | → | |

**Rückprallhärteversuch**

Fallkörper: Gehärtete Stahlkugel, Durchmesser 15–30 mm

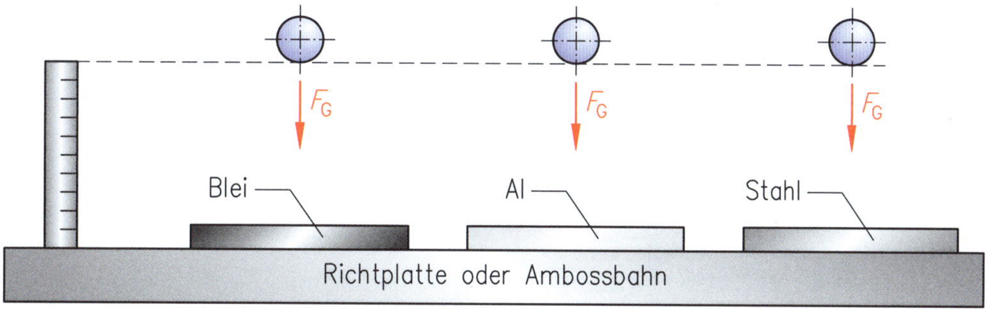


| | Blei | Aluminium | Stahl |
|---|---|---|---|
| Geschätzte Rückprallhöhe | | | |
| Härte der Prüfstücke | | | |

### 2. Kugelschlaghammer

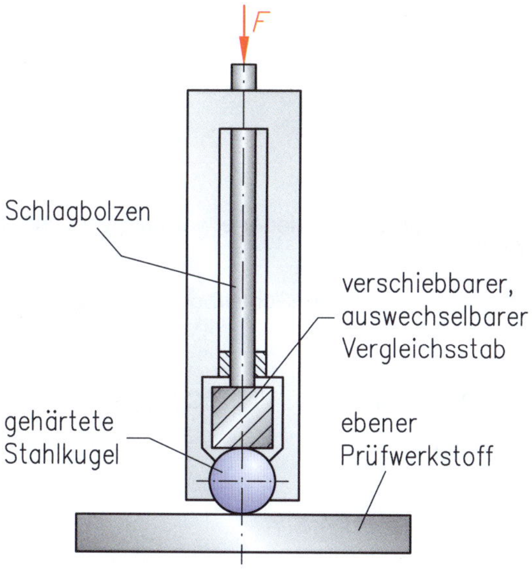


Durch den Hammerschlag entstehen im Vergleichsstab und im Prüfwerkstoff Kugeleindrücke. Diese werden mit einer Lupe mit Ableseskala ausgemessen.
Mit einer Vergleichstabelle kann die HB-Härte und die Zugfestigkeit des Prüfwerkstoffs bestimmt werden.

**Aufgabe: Schmieden eines Spitzmeißels**

**Arbeitsstufen**

1. **Werkstoffauswahl**
   Härtbarer unlegierter Werkzeugstahl
   C-Gehalt 0,6 bis 1,5%

   z. B. ____________

2. **Werkstoffprofil und Profilgröße**

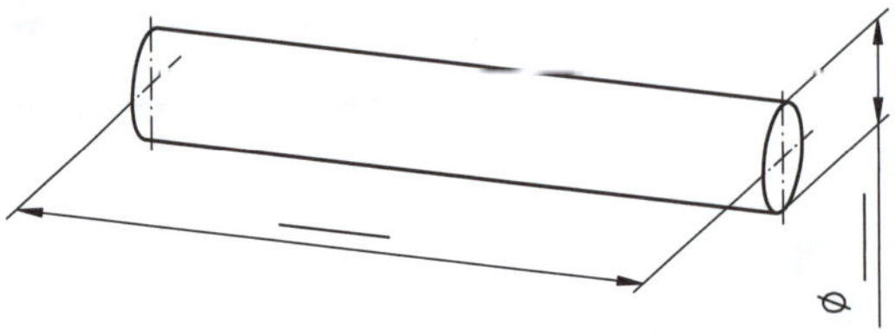


3. **Werkstoffnormangabe**
   z. B. ____________

4. **Herstellen der Meißelspitze**

   a) **Erwärmen auf Schmiedetemperatur**

   Temperatur: ____________ °C, Glühfarbe: ____________

   b) **Anwärmlänge**

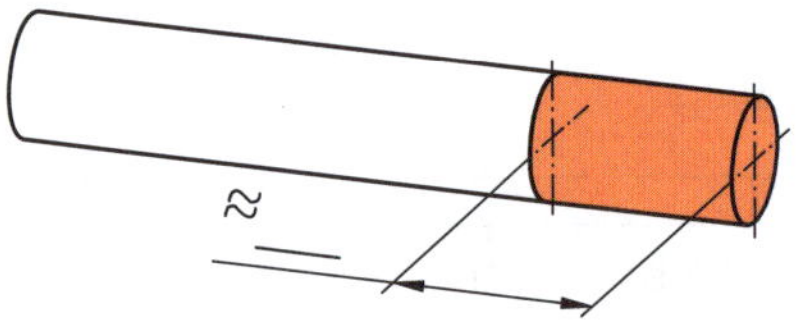


   c) **Schmieden der Meißelspitze**

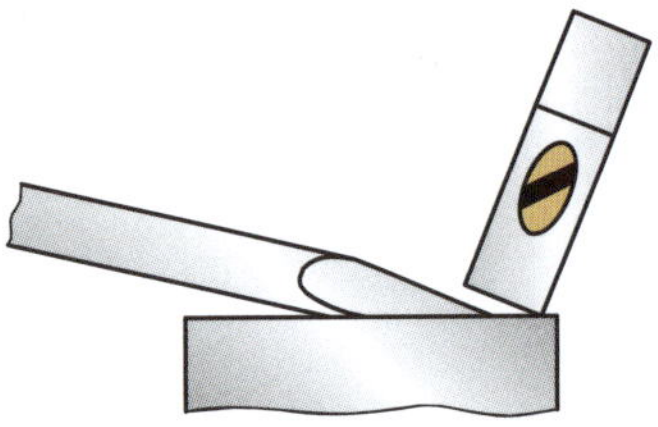

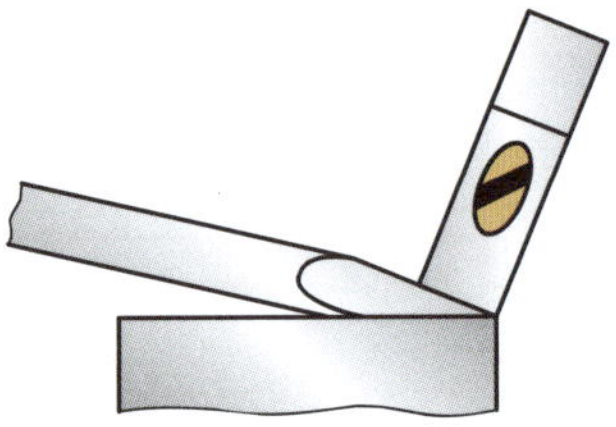

Beurteilen Sie (richtig – falsch)!
Begründen Sie Ihre Auswahl.

– ____________

– ____________

– ____________

Den Rundstahl nach jedem Hammerschlag um 90° drehen.

Beim Erreichen der Schmiede-Endtemperatur = ____________ °C die Spitze wieder erwärmen. Vorsicht vor Überhitzung der Spitze!

Nach dem Abkühlen wird die Spitze mit dem Winkelschleifer oder auf dem Schleifbock blank geschliffen.

   d) **Härten**

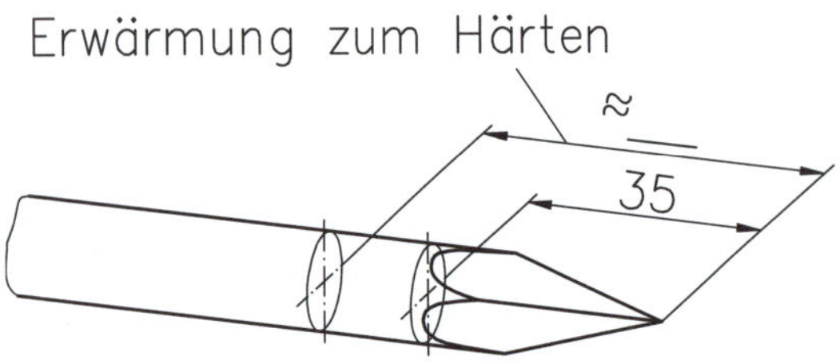


Spitzmeißel auf etwa ____________ °C langsam erwärmen.

Begründung:

____________

____________

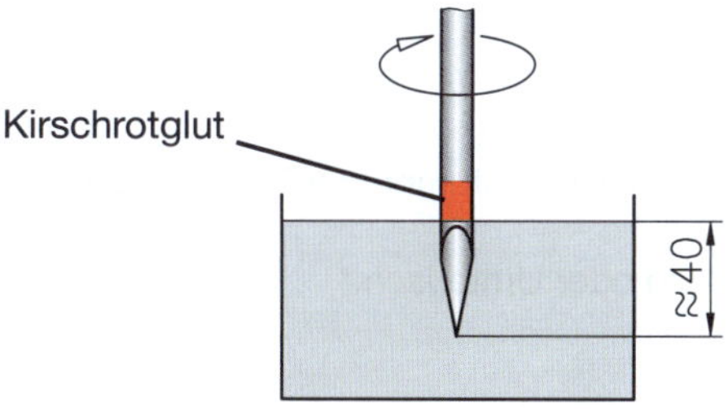


Abschreckmittel: Wasser, ≈ 20 °C

Begründung: 

Spitzmeißel auf eine Länge von etwa 40 mm langsam kreisend abkühlen.

Abschreckdauer ca. 10–15 s.

Oberhalb des Wasserspiegels muss ein ca. 20 mm langer Glutbereich erhalten bleiben.

Eine der vier Pyramidenflächen blank reiben. Tragen Sie dabei Arbeitshandschuhe.

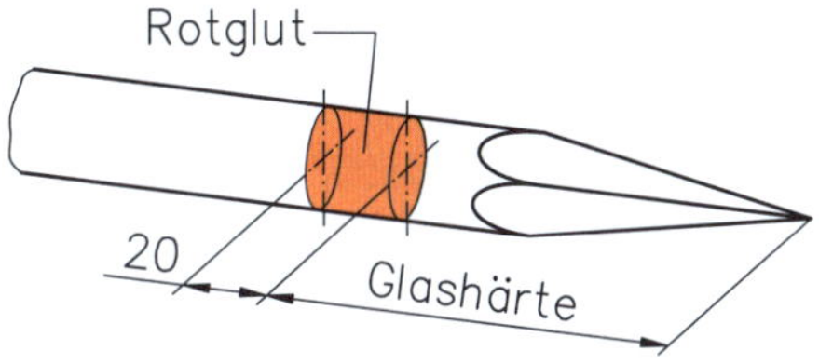


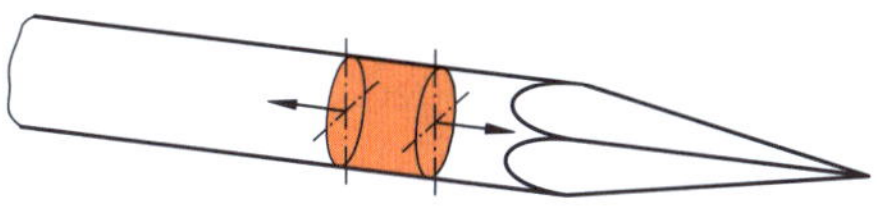

Die Restwärme im Meißelschaft bewegt sich zur Spitze; die Anlassfarben werden sichtbar.

| Härte | Anlassfarbe | Anlasstemperatur | Anwendung |
|---|---|---|---|
| sehr hart | weißgelb | 200 °C | Messzeuge |
| | hellgelb | 220 °C | Reißnadel |
| | dunkelgelb | 235 °C | Gewindebohrer |
| hart | braunrot | 250 °C | Hämmer |
| | rot | 260 °C | Bohrer |
| | dunkelrot | 270 °C | Meißel |
| zähhart | violett | 280 °C | Körner |
| | dunkelblau | 290 °C | Schraubendreher |
| | hellblau | 320 °C | Durchschlag |

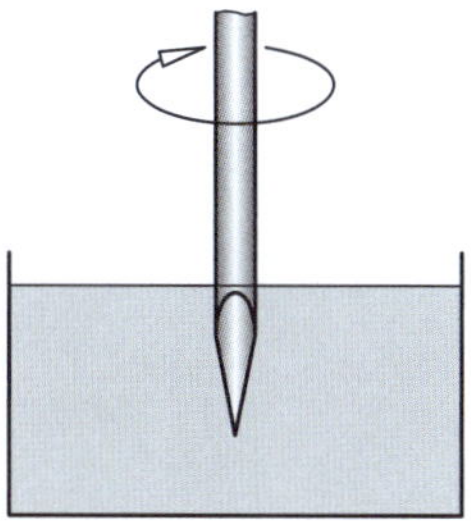

Hat die Meißelspitze eine dunkelrote Anlassfarbe, wird sie vollständig abgeschreckt; sie erhält ihre Gebrauchshärte.
Ist im Schaft noch eine hohe Temperatur (Rotglut), kann dieser beim endgültigen Abschrecken glashart werden.

Folge: 

Der angefaste Meißelkopf wird ebenfalls gehärtet.

Anlassfarbe: 

Geben Sie einen verkürzten Plan für die Fertigung wieder.

– 

– 

– 

Ihr Betrieb lieferte vor vier Wochen an die Firma „Erde und Stein" Flachmeißel für die Bearbeitung von Granit. Gestern erreichte Sie der folgende Anruf:
„Hier ist Huber, Materialprüfer der Firma Erde und Stein aus Grafenau. Sie haben uns vor vier Wochen 60 Flachmeißel geliefert. Leider sind bei fast 50 % der Werkzeuge nach dem 1. Einsatz die Schneiden stumpf, die Schneidhaltigkeit ging verloren.
Wir senden Ihnen die Meißel wieder zurück und bitten um Nachbesserung oder Umtausch."

Sie sollen sich dazu äußern.

Nennen Sie weitere Möglichkeiten der Kommunikation (Verständigung, Mitteilung):

Mit wenigen Worten kann ein Kunde gewonnen oder auch verärgert und dadurch verloren werden. Unbedachte Äußerungen können den Kunden herausfordern, er fühlt sich nicht verstanden und wechselt zur Konkurrenz.

Formulieren Sie Ihre Aussagen mit Kunden stets positiv, vermeiden Sie negative Äußerungen.

**Beispiele für solche Fehler:**

Verkäufer: „Das kann ich nicht glauben."
Der Verkäufer will es angeblich besser wissen, ohne sich informiert zu haben.

Besser:

Verkäufer: „Wie ich Ihnen eben sagte, die Meißel waren in Ordnung."
Der Kunde bekommt den Eindruck, die Beschwerde nervt den Verkäufer.

Besser:

Verkäufer: „Das ist nicht möglich."
Der Kunde glaubt, der Verkäufer bemüht sich überhaupt nicht.

Besser:

Verkäufer: „Das ist doch klar."
Das ist überheblich.

Besser:

Verkäufer: „Sie müssen Folgendes bedenken."
Der Kunde empfindet das als Belehrung.

Besser:

Verkäufer: „Das ist doch Blödsinn."
Der Kunde wird für dumm gehalten.

Besser:

Verkäufer: „Sie haben mich völlig falsch verstanden."
Der Kunde fühlt sich für ahnungslos dargestellt.

Besser:

Verkäufer: „Das stimmt nicht."
Der Kunde wird als Lügner dargestellt.

Besser:

Verkäufer: „Das ist nicht wichtig."
Der Kunde fühlt sich nicht ernst genommen.

Besser:

Verkäufer: „Das ist mir egal."
Der Verkäufer ist nicht besonders interessiert.

Besser:

**Einige Regeln für eine gute Kommunikation**

Verkäufer: „Man wird den Fehler beheben."
Besser: „Ich werde dafür sorgen, dass der Fehler behoben wird."

Regel: Nicht „man" und „wir", sondern

Verkäufer: „Ich empfehle immer, auf das Härten zu achten."
Besser: „Ich überprüfe täglich die Härte."

Regel: Nicht „immer, ständig, dauernd, etwas, jemand, jeder, alle" usw.,
sondern

Verkäufer: „Im Grunde genommen haben Sie damit recht."
Besser: „Mit dieser Lösung bin ich einverstanden."

Regel: Nicht „im Grunde, mehr oder weniger, eigentlich, höchstwahrscheinlich, vielleicht" usw.,
diese Ausdrücke

Verkäufer: „Die Produktion war unkorrekt."
Besser: „Die Herstellung war fehlerhaft."

Regel: Vermeide

Verkäufer: „Diesen Kauf werden Sie nicht bereuen."
Besser: „Bei diesem Kauf haben Sie sich richtig entschieden."
In unserem Unterbewusstsein nehmen wir das Wort „nicht" nicht wahr. Wir hören also:
„Diesen Kauf werden Sie bereuen."
Weitere negative Äußerungen: „Das ist nicht uninteressant, das kann nicht wahr sein, das kann nicht schaden" usw.

Regel: Vermeide

Bei längeren Telefongesprächen ist es sinnvoll, Datum und Stichpunkte zu notieren. Später kann man sich an das Gespräch leichter erinnern.

| Konstruktionsmechanik | Datum: | Umformen von Profilen | Lernfeld 7 |
| --- | --- | --- | --- |
| Name: | Klasse: | *Konfliktmanagement* | 17 |

Konflikte sind Zusammenstöße verschiedener Meinungen, die manchmal in Streitigkeiten ausarten.
Wo können Konflikte entstehen?

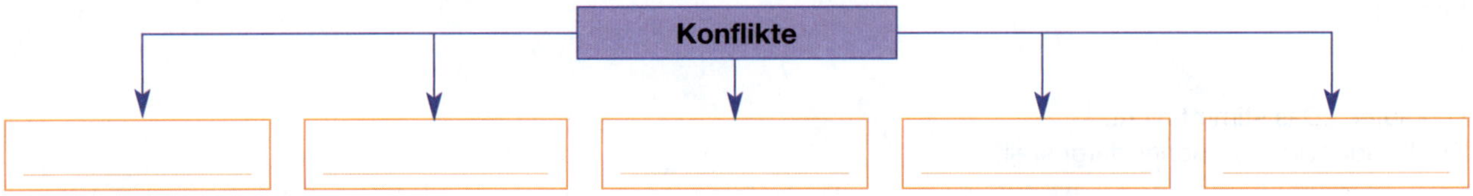


Um Konflikte ausschalten, beschwichtigen oder verstehen zu können, müssen deren Ursachen bekannt sein. Man unterscheidet offene Konflikte (z. B. lautstarke Auseinandersetzungen zweier Arbeitskollegen) und versteckte Konflikte (z. B. Bevorzugung eines Arbeitskollegen durch den Vorgesetzten).
Welche dieser Konfliktarten ist Ihrer Meinung nach leichter zu bekämpfen? Begründen Sie Ihre Meinung.

## A. Ursachen von Konflikten

**1. Menschliches Verhalten der Gruppenmitglieder**

Beispiel:

**2. Leistungsunterschiede der Gruppenmitglieder**

Beispiel:

**3. Rangstufen der Gruppenmitglieder**

Beispiel:

**4. Unter- oder Überforderung der Gruppenmitglieder**

Beispiel:

**5. Führungsstil von Vorgesetzten**

Beispiel:

**6. Verschiedene Schwerpunkte bei der Arbeit**

Beispiel:

**7. Reihenfolge bei der Arbeit**

Beispiel: ______________________________

**8. Beziehungsschwierigkeiten**

Beispiel: ______________________________

## B. Umgang mit Konflikten

Beschwichtigungen bei Streitigkeiten oder Verdrängen von innerer Wut sind nur kurzzeitige Lösungen und führen häufig zu neuen Auseinandersetzungen. Konflikte müssen deshalb gründlich gelöst werden. Dies führt zu einer neuen Qualität des Zusammenlebens.

1. Konflikte sollen offen ausgetragen werden. Man spricht auch von Ich-Botschaften:
   „Ich finde es störend, dass …"
   „Ich meine, dass …"
   „Meine Ansicht ist …"
2. Konflikte müssen deutlich und anschaulich angesprochen werden. Übertreibungen, Vorwürfe und Beschuldigungen sind zu unterlassen.
3. Beim Lösen von Konflikten sollen beide Streitparteien mit einbezogen werden.

Konflikte sind dann weitgehend abgebaut, wenn beide Parteien ihre Fehler einsehen und ihr früheres Verhalten ändern. Größere Betriebe stellen bei Konflikten einen Vertrauensmann oder einen Schiedsrichter.

## C. Mobbing

Mit zunehmender Verschärfung von Leistungsdruck und Konkurrenz im Betrieb ist Mobbing heute besonders aktuell.

**1. Was ist Mobbing?**

Wo? ______________________________

Wer? ______________________________

Wie lang? ______________________________

Ziel? ______________________________

**2. Wie entsteht Mobbing?**

Werden Konflikte nicht gelöst, kann daraus Mobbing entstehen. Aus dem ursprünglichen Konflikt wird eine persönliche Auseinandersetzung; Psychoterror beginnt. Innerhalb kurzer Zeit wird aus dem Kollegen ein Außenseiter. Auf die Demütigungen am Arbeitsplatz folgen häufig arbeitsrechtliche Maßnahmen; entweder kündigt der Betroffene selbst, oder ihm wird vom Arbeitgeber unter einem Vorwand gekündigt.

**3. Mobbing – Handlungen**

Nennen Sie Ihnen bekannte Mobbing-Handlungen.

| Konstruktionsmechanik | Datum: | Herstellen von Baugruppen aus Profilen | Lernfeld 8 |
|---|---|---|---|
| Name: | Klasse: | *Stahlprofile* | 1 |

Im Metallbau werden überwiegend Halbzeuge aus Stahl verwendet. Diese können alle Arten von Festigkeit aufnehmen und sind gut schweißbar.
Durch Legieren mit anderen Metallen erhält man rostfreie Stähle.

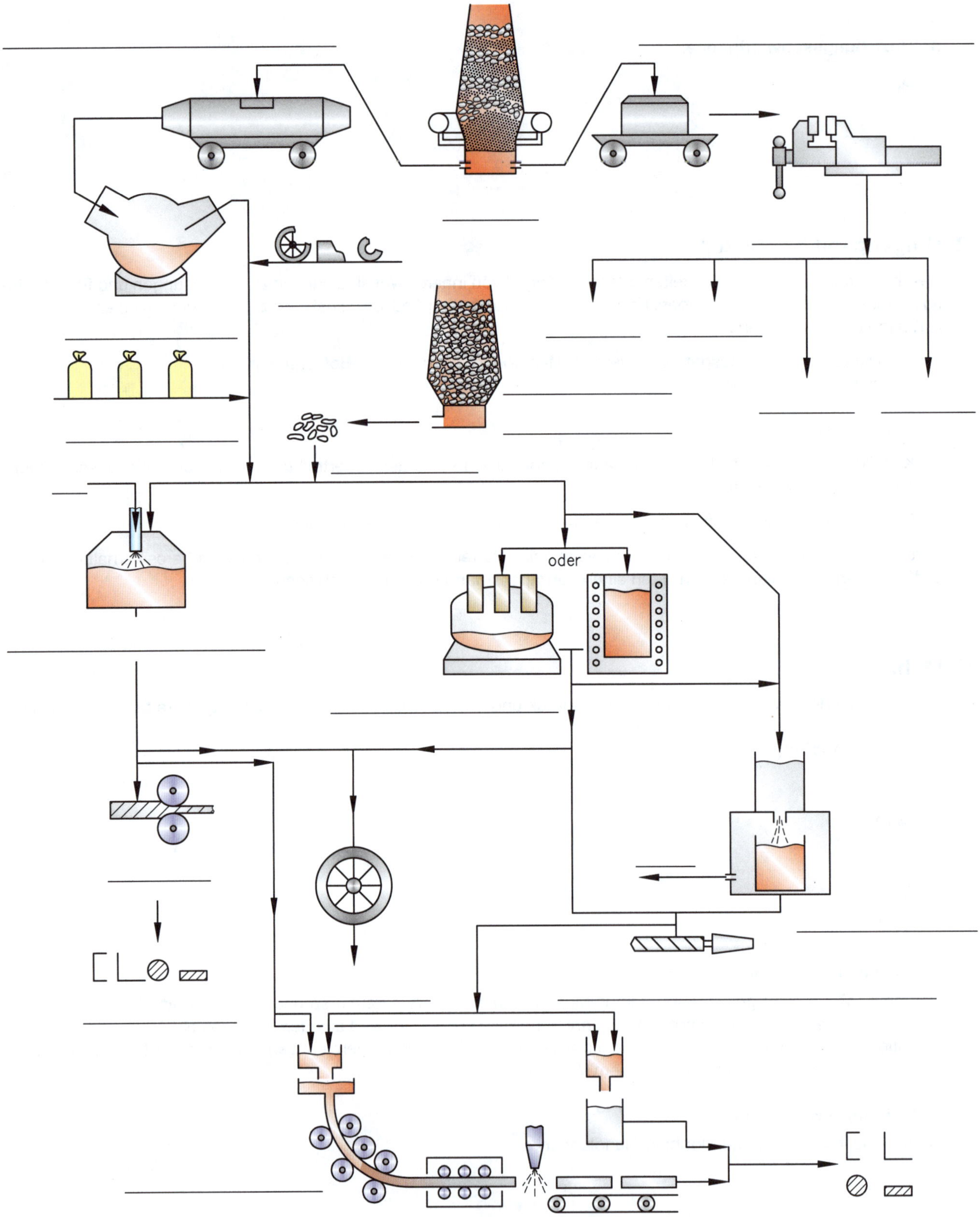

| Konstruktionsmechanik | Datum: | Herstellen von Baugruppen aus Profilen | Lernfeld 8 |
|---|---|---|---|
| Name: | Klasse: | *Stahlprofile* | 1 |

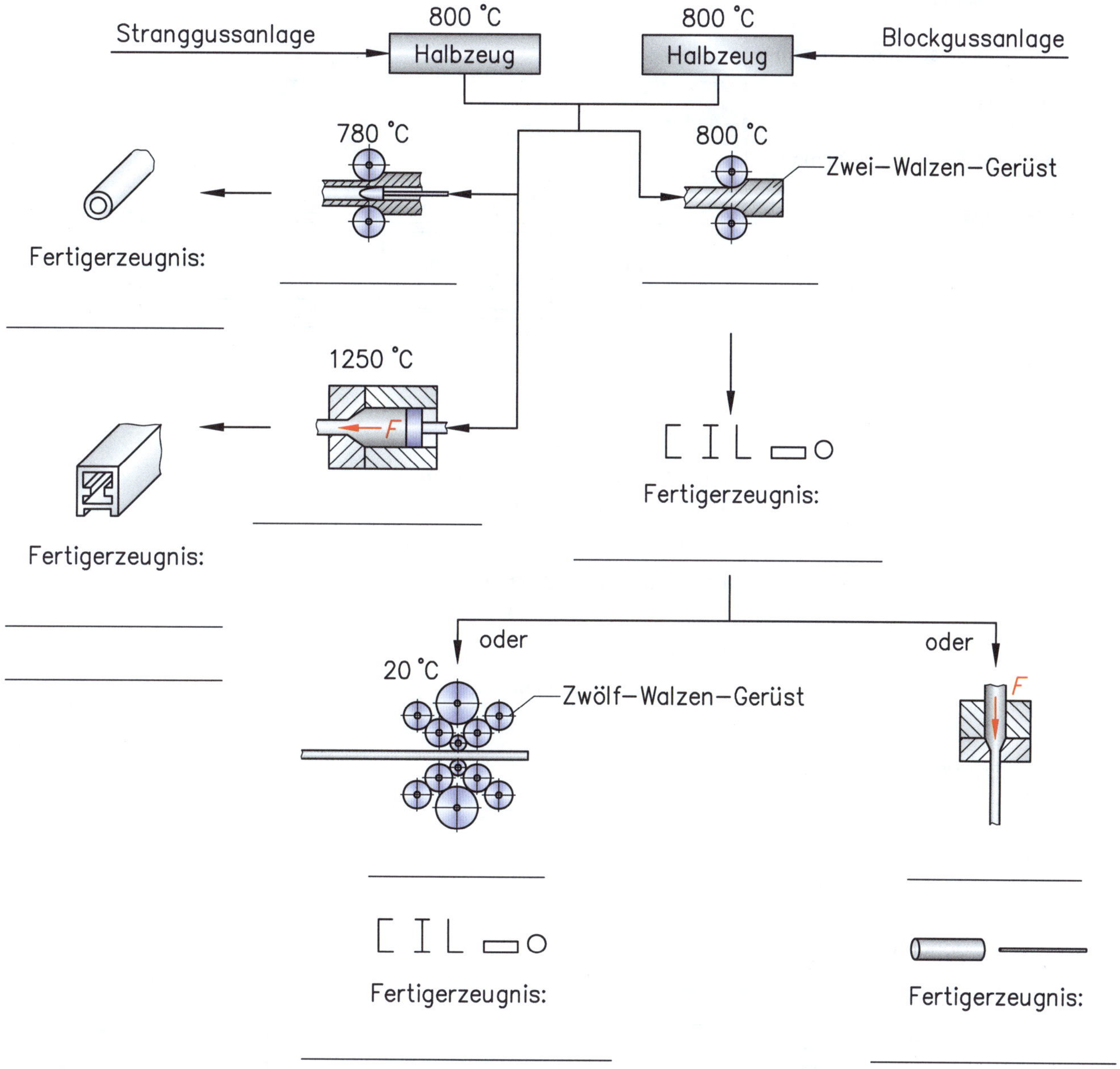


| | Kaltwalzen | Warmwalzen |
|---|---|---|
| **Vorteile** | | |
| **Nachteile** | | |

## A. Warmwalzerzeugnisse

| | |
|---|---|
| Formstähle (Steghöhe > 80 mm) | |
| Stabstähle | |
| Stabstähle (Steghöhe < 80 mm) | |
| Wabenträger | 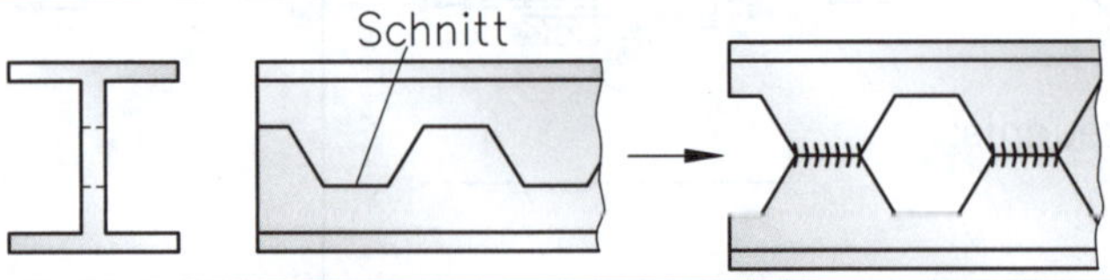 |
| Rohre | |
| Bleche | Feinbleche (*t* = 0,5 bis 3 mm)<br>Mittelbleche (*t* = 3 bis 4,75 mm)<br>Grobbleche (*t* > 4,75 mm) |
| Bleche mit Musterung | Riffel-, Tränen- und Warzenbleche |
| Lochbleche | Lochung bis zum Blechrand<br>Lochung bis zu den Randstreifen |
| Bänder | $t \leq 1{,}2$ mm |
| Drähte | verschiedene Durchmesser |

## B. Kaltwalzerzeugnisse

Der Werkstoff wird durch eine sich verengende Matrize gezogen.

**1. Rohre**

| Hohlzug | Dorn- oder Stopfenzug |
|---|---|
| 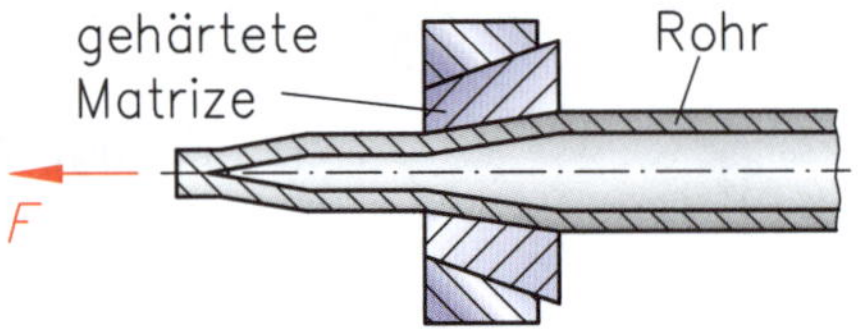 | 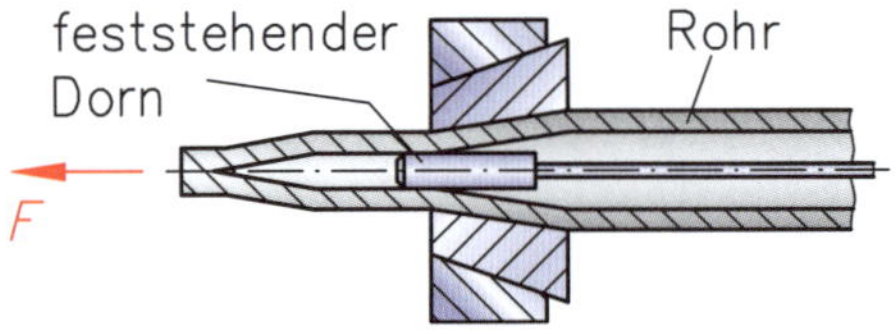 |
| **Vorteil:** | **Vorteil:** |

**2. Hohlprofile**

Rahmenprofile (RP-Profile) werden aus Stahlblechstreifen kalt geformt, geschweißt und anschießend kaltgewalzt oder kaltgezogen.

RP-Profile für Fenster- und Türrahmenbau (Beispiele)

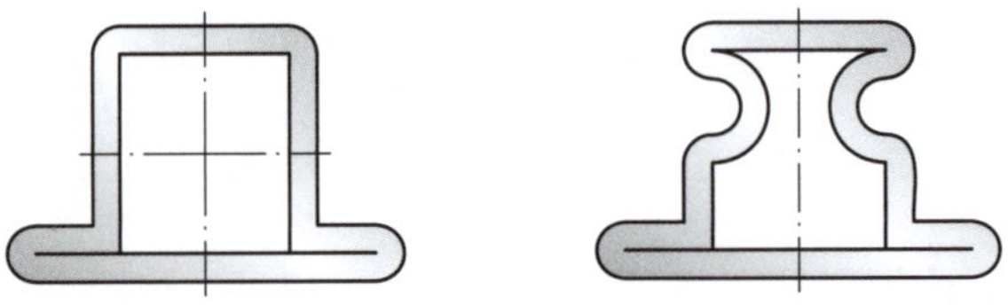

RP-Profile für Stahltore, Brückengeländer und Ankerschienen (Auswahl)

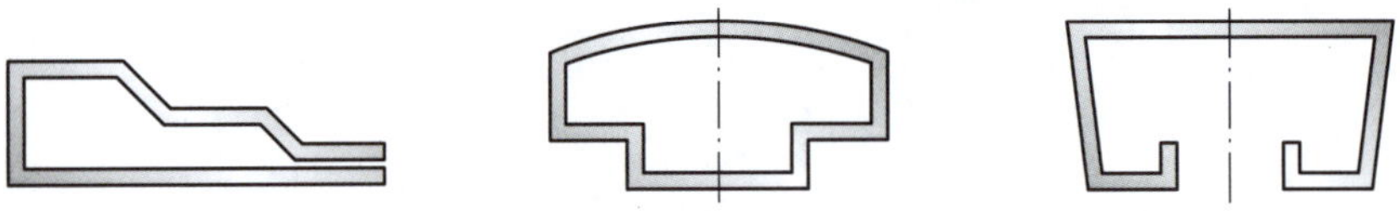

## C. Legierte Stahlprofile

Hoch legierte Stahlprofile werden für Fenster, Türen, Geländer, Fassadenverkleidungen und Behälter verwendet. Es sind nicht rostende Stähle und werden als „Edelstahl rostfrei" bezeichnet.

Hauptlegierungselement ist Chrom (mindestens 10,5 %). Weitere Legierungszusätze können Nickel, Titan und Molybdän sein.

**Profile aus rostfreiem Edelstahl**

Stabstähle: Quadrat-, Sechskant-, Rund-, Halbrund-, Winkelstahl, I-Stähle und U-Stähle (Steghöhe < 80 mm)

| Rostfreier Edelstahl | | |
|---|---|---|
| **Ferritischer Edelstahl ist mit Cr legiert** | **Martensitischer Edelstahl ist mit Cr und Ni legiert** | **Austenitischer Edelstahl ist mit Cr, Ni und Mo legiert** |
| Verminderte Korrosionsbeständigkeit | Gute Korrosionsbeständigkeit | Sehr gute Korrosionsbeständigkeit |
| Verminderte Schweißbarkeit | Verminderte Schweißbarkeit (Rissbildung) | Gute Schweißbarkeit |
| Mittlere Kaltumformbarkeit | Mittlere Kaltumformbarkeit | Gute Kaltumformbarkeit |
| Magnetisch | Magnetisch | Unmagnetisch |

Wählen Sie aus der Tabelle den geeigneten Werkstoff für Konstruktionen aus Edelstahl:

Weitere Fertigerzeugnisse:

## D. Herstellen von Stahlprofilen durch Strangpressen

Komplizierte Hohlprofile aus Stahl können durch Walzen oder Ziehen nicht hergestellt werden.
Nennen Sie ein Herstellungsverfahren, bei dem dies möglich ist:

**Vorgang:**

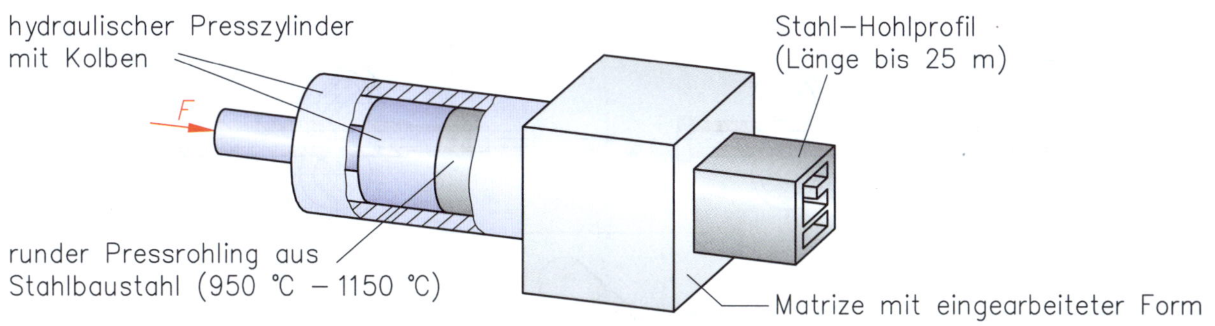


Nennen Sie Stahl-Strangpressprofile!

## E. Herstellen von Stahlrohren

### 1. Geschweißte Stahlrohre, hergestellt durch Kaltwalzen

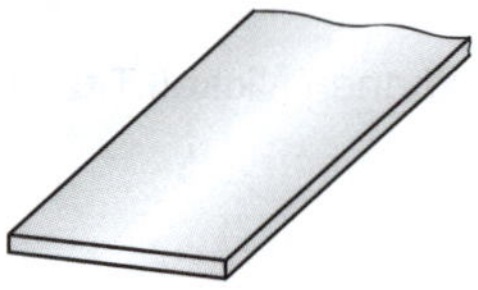

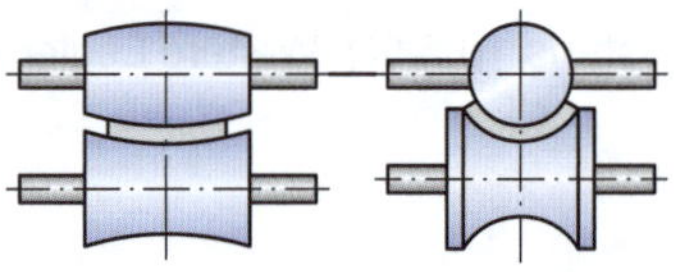

Rollenelektrode

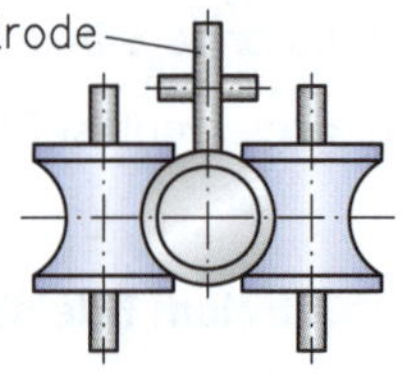

Rohrüberzug

| Ausführung | Kurzzeichen |
|---|---|
| schwarz | – |
| verzinkt | B |
| Nichtmetall außen | C |
| Nichtmetall innen | D |

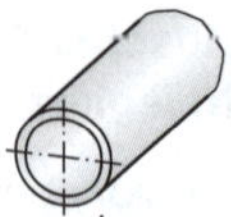

Auswahl

### 2. Nahtlose Stahlrohre, hergestellt durch Warmwalzen

glühender massiver Rundstahl

dickwandiges Rohr auf Dornstange geschoben

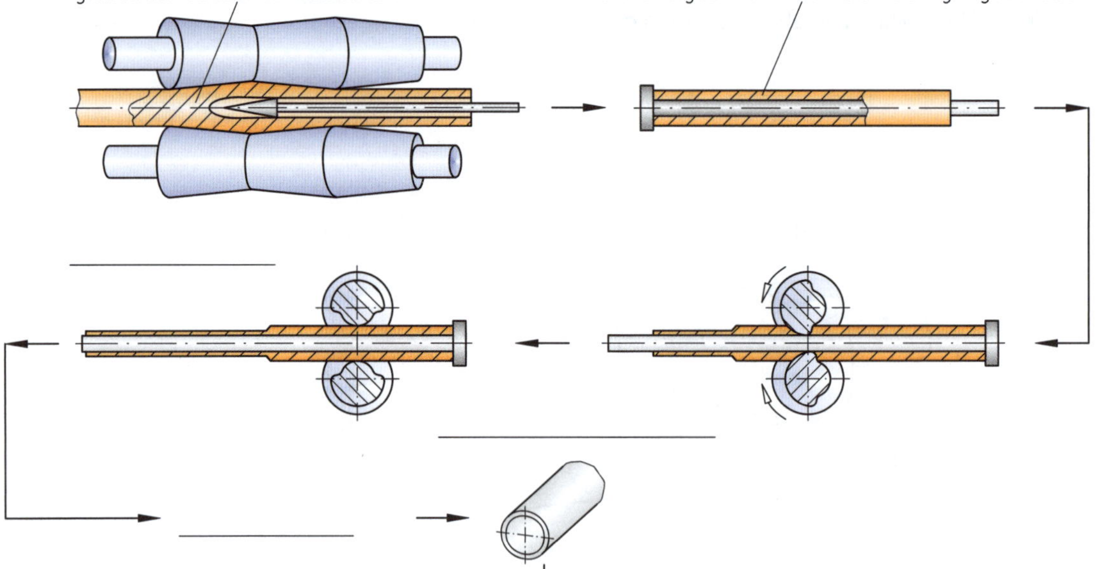

Auswahl

## A. Herstellung von Aluminium-Halbzeugen, Handelsformen

Für die Herstellung von Fenstern, Türen, Fassaden, Geländern u. Ä. werden häufig Aluminium-Profile verwendet. Mit dem Sauerstoff der Luft bildet sich an der Oberfläche Aluminium-Oxid. Diese dichte Schicht schützt das Aluminium vor weiterer Korrosion.
Reines Aluminium ist für die technische Anwendung unbrauchbar. Durch Legieren werden Festigkeit und Härte gesteigert.

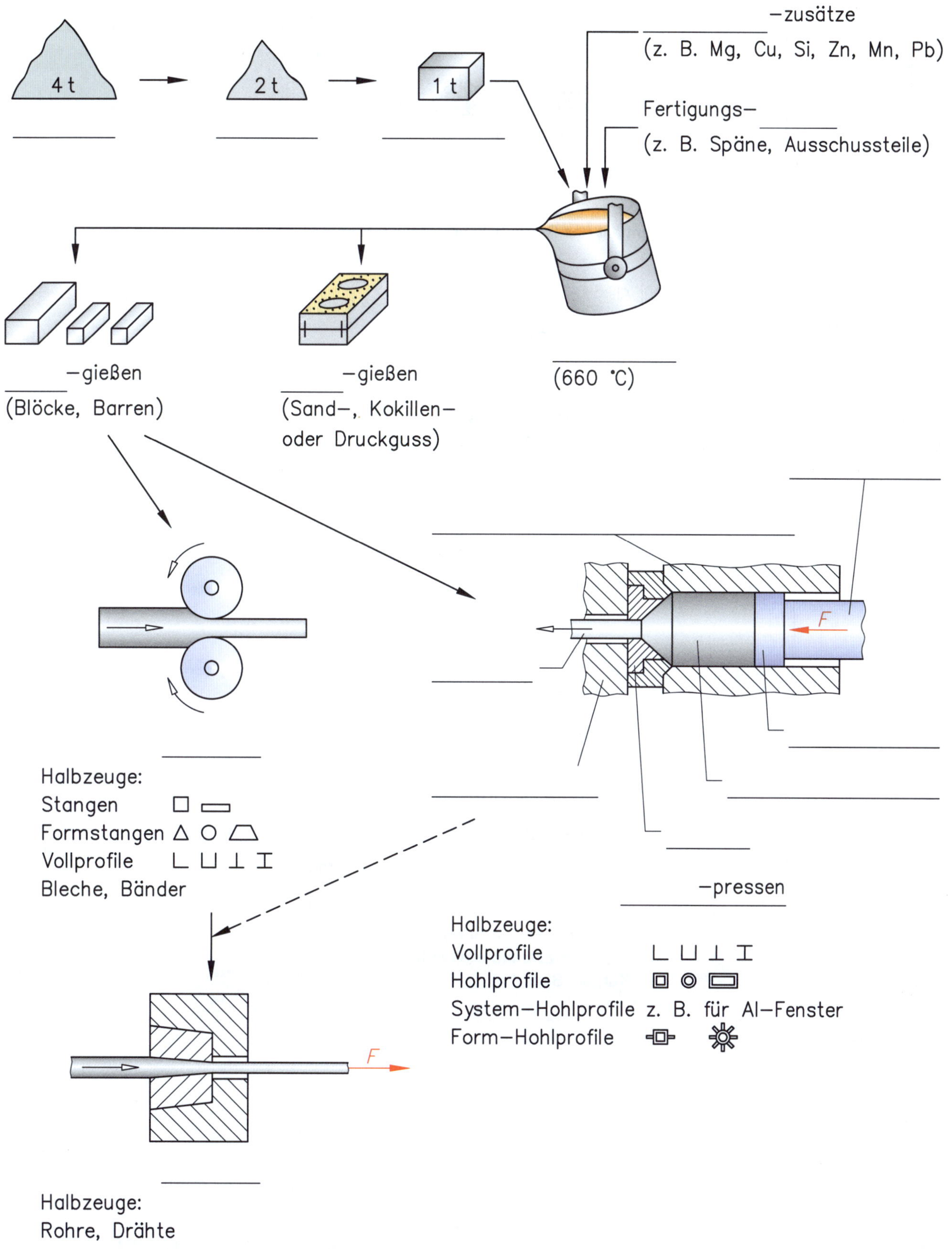

| Konstruktionsmechanik | Datum: | Herstellen von Baugruppen aus Profilen | Lernfeld 8 |
|---|---|---|---|
| Name: | Klasse: | *Aluminiumprofile* | **2** |

## B. Aluminium-Profile

### 1. Aluminium-Vollprofile (Auswahl)

| | | Beispiel | Beschreibung | Kurzzeichen |
|---|---|---|---|---|
| DIN EN 755-9 | DIN 9712* | 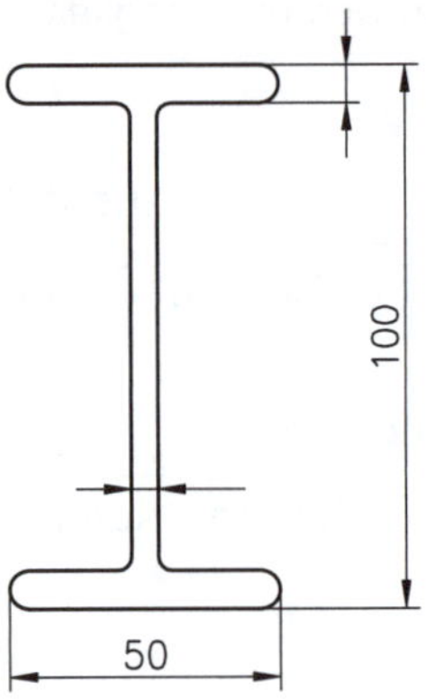 | Al-____-Profil mit 100 mm ______<br>und 50 mm ______<br>______ = ____ mm<br>______ = ____ mm<br>Werkstoff: EN AW-5083<br>Werkstoffzustand: Kaltverfestigt<br>Kanten: Gerundet | |
| | | Bei nicht gerundeten Kanten entfällt das R. Anstelle von R kann S (= scharfe Kanten) gesetzt werden. | | |
| | DIN 9714 | 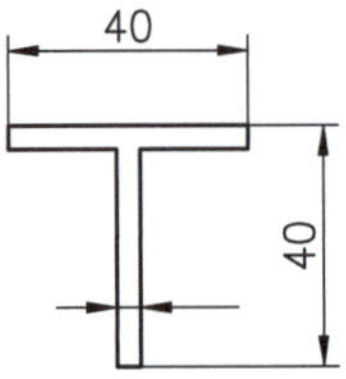 | Al-____-Profil mit einer ______ von<br>40 mm und gleicher ______.<br>______ = ____ mm<br>Werkstoff: EN AW-5754<br>Werkstoffzustand: Weichgeglüht<br>Kanten: Scharf | |
| | DIN 1771* | 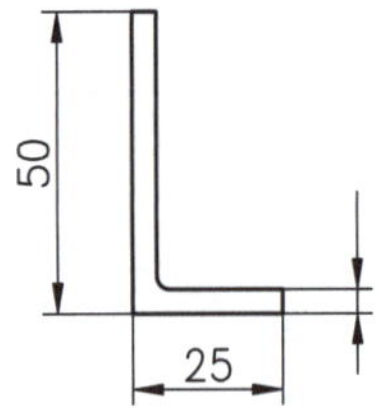 | Al-____-Profil mit einer ______ von<br>50 mm und 25 mm ______.<br>______ = ____ mm<br>Werkstoff: EN AW-6060<br>Werkstoffzustand: Warmbehandelt<br>Kanten: Scharf | |
| | DIN 9713* | 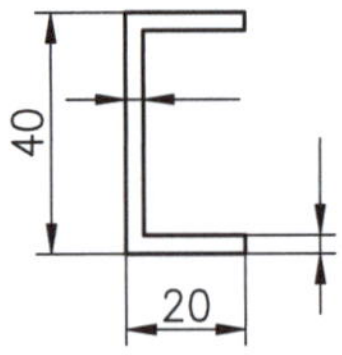 | Al-____-Profil mit einer ______ von<br>40 mm und 20 mm ______.<br>______ = ____ mm<br>______ = ____ mm<br>Werkstoff: EN AW 5005<br>Werkstoffzustand: Kaltverfestigt<br>Kanten: Scharf | |

* zurückgezogen

**2. Aluminium-Hohlprofile (Auswahl)**

DIN EN 754-7 ⟶ gezogen    DIN EN 755-7 ⟶ stranggepresst

| | Beispiel | Beschreibung | Kurzzeichen |
|---|---|---|---|
| **DIN EN 754-7**<br>**DIN EN 755-7** | 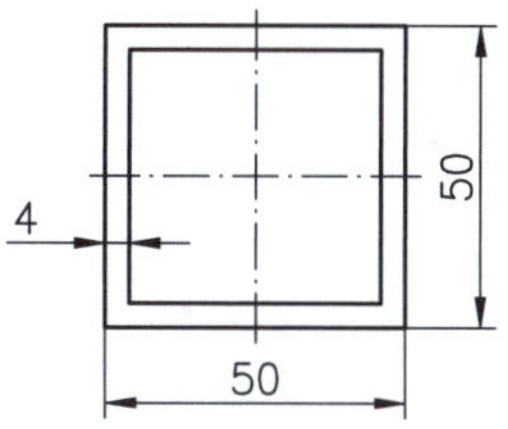<br> | Al- ________ mit einer<br>________ von 50 mm<br>und 4 mm ________ .<br>Werkstoff: EN AW-6060<br>Werkstoffzustand: Kaltverfestigt<br>Herstellung: Gezogen | |
| **DIN EN 754-7**<br>**DIN EN 755-7** | 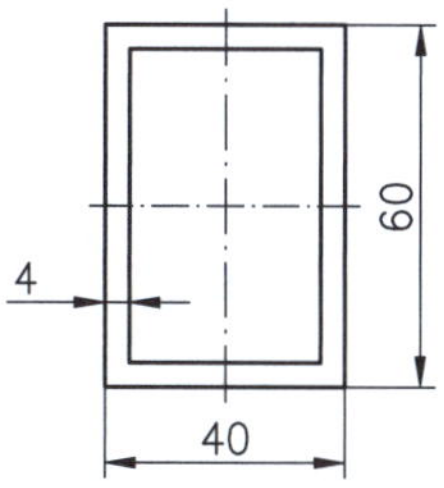<br> | Al- ________ mit 40 mm<br>________ , 60 mm ________ und<br>einer ________ von 4 mm.<br>Werkstoff: EN AW-6082<br>Werkstoffzustand: Weichgeglüht<br>Herstellung: Stranggepresst | |
| **DIN EN 754-7**<br>**DIN EN 755-7** | 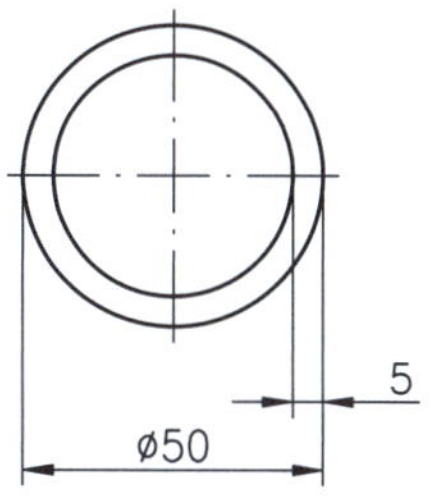<br> | Nahtloses Al- ________ -Rohr mit<br>einem ________ von 50 mm.<br>Die ________ beträgt 5 mm.<br>Werkstoff: EN AW-5754<br>Werkstoffzustand: Allgemein<br>Herstellung: Gezogen | |

**3. Aluminium-Stangen (Auswahl)**

DIN EN 754-3 ⟶ gezogen DIN EN 754-5 ⟶ stranggepresst

| | Beispiel | Beschreibung | Kurzzeichen |
|---|---|---|---|
| DIN EN 754-3 DIN EN 754-5 | 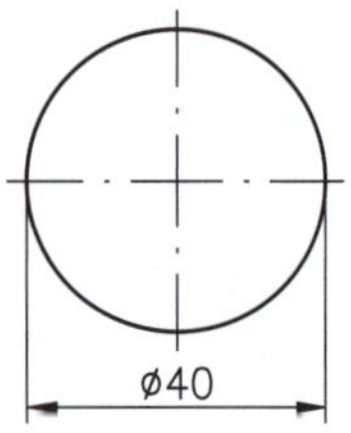 | Al- ______ mit<br>40 mm ______ .<br>Werkstoff: EN AW 6012<br>Werkstoffzustand: Gezogen | |
| DIN EN 754-3 DIN EN 754-5 | 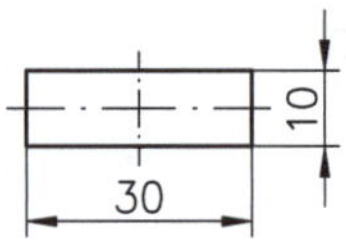 | Al- ______ ,<br>______ = 30 mm<br>______ = 10 mm .<br>Werkstoff: EN AW 6082<br>Werkstoffzustand: Stranggepresst<br>Kanten: Scharf | |
| DIN EN 754-3 DIN EN 754-5 | 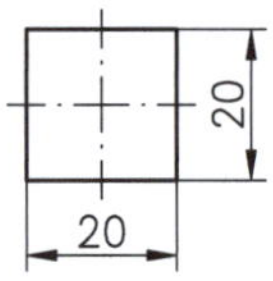 | Al- ______ mit<br>20 mm ______ .<br>Werkstoff: EN AW 2024<br>Werkstoffzustand: Gezogen<br>Kanten: Scharf | |

**4. Aluminium-Trapezprofile**

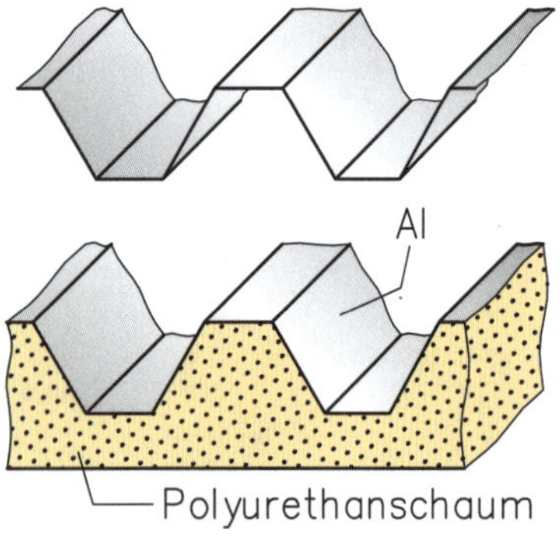


Verbund-Trapez-Profilplatte

Verwendung: ______

Vorteil: ______

**5. Aluminium-Bleche**

Hergestellt werden sie als

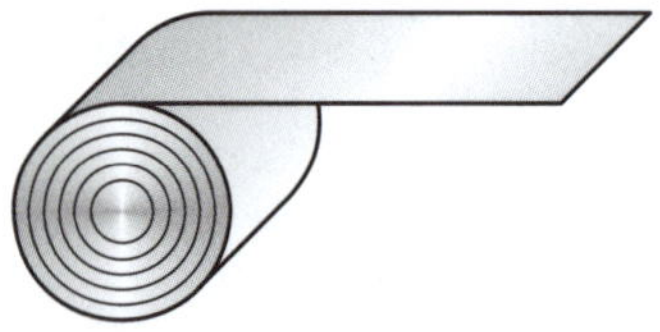

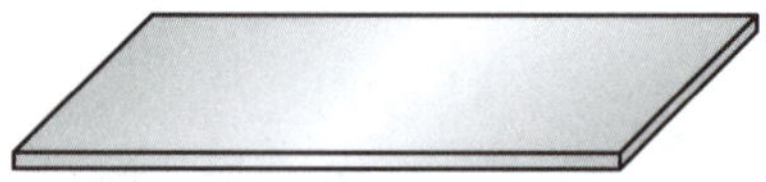

______ und ______

(mit und ohne eingewalzte Muster)

## C. Glühen von Aluminium

Beim Umformen im kalten Zustand verfestigt sich das Aluminiumgefüge. Diese Kaltverfestigung wird durch Glühen wieder rückgängig gemacht. Wie verändern sich durch Glühen

| | |
|---|---|
| Härte | vergrößert – verringert sich |
| Festigkeit | vergrößert – verringert sich |
| Dehnung | vergrößert – verringert sich |
| Zähigkeit | vergrößert – verringert sich |
| Umformbarkeit | vergrößert – verringert sich |

**Glühvorgang**

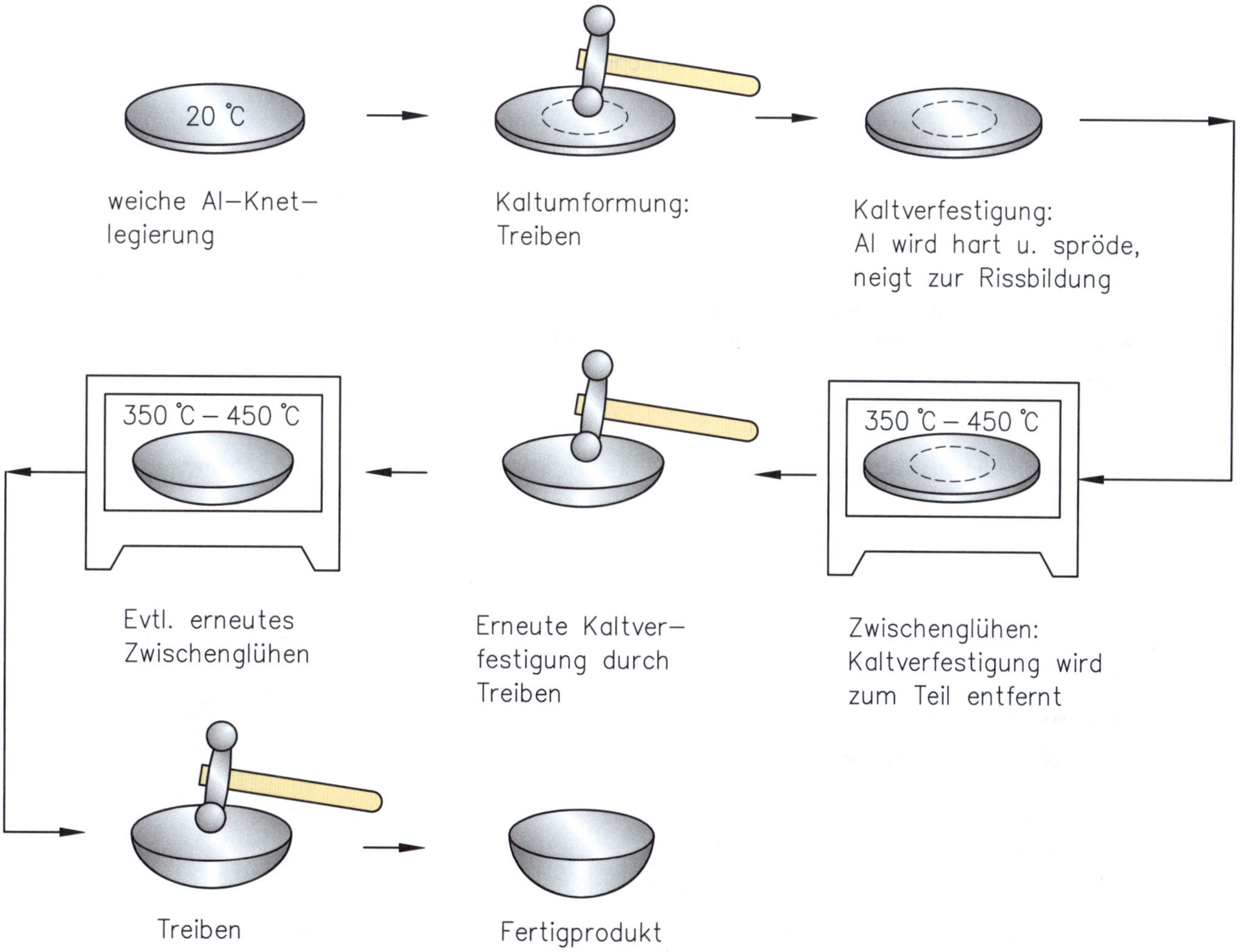

**Aufgaben**

1. Für den Außenbereich soll ein Handlauf aus rostfreiem Edelstahl (∅ 30) gefertigt werden. Er wird nach Maß gebogen und an ein Geländerfeld angeschweißt.
   Durch die Unachtsamkeit eines Mitarbeiters wurden im Lager die ferritischen, martensitischen und austenitischen rostfreien Edelstähle vertauscht.
   a) Welchen rostfreien Edelstahl wählen Sie für den Handlauf aus?
   b) Begründen Sie Ihre Entscheidung.
   c) Wie unterscheidet sich der augewählte Edelstahl von den anderen Edelstählen?
   d) Wählen Sie aus dem Tabellenbuch einen geeigneten Werkstoff aus.
      Z. B.
   e) Wie lautet die Normbezeichnung des Edelstahlrohrs?
      Z. B.
   f) Wie groß ist der Kohlenstoffgehalt des ausgewählten Edelstahls?
      Z. B.

2. Für eine Stahlkonstruktion wird ein warmgewalzter U-Stahl (DIN 1026) mit einer längenbezogenen Masse $m' = 22$ kg/m verwendet. Die Profillänge beträgt 5 m.
   Beantworten Sie die Fragen a bis d mithilfe des Tabellenbuchs.
   a) Wie groß ist die Höhe $h$ (mm)? $h =$ ______ mm
   b) Bestimmen Sie die Stegdicke $s$ (mm). $s =$ ______ mm
   c) Wie viel dm³ ist das Widerstandsmoment $W_x$? $W_x =$ ______ = ______ dm³
   d) Wie lautet die Normbezeichnung des U-Stahls?

3. Für eine Hallenkonstruktion benötigt man einen 6 m langen warmgewalzten I-Stahlträger nach DIN 1025-5. Die Querschnittsfläche beträgt 3910 mm². Bestimmen Sie:
   a) Das Normkurzzeichen: ______
   b) Das Volumen des Trägers (dm³):
   c) Die Masse des Stahlträgers:
   d) Die längenbezogene Masse (kg/m) und vergleichen Sie das Ergebnis mit dem Tabellenwert.
   e) Die Normbezeichnung des Trägers:

| Konstruktionsmechanik | Datum: | Herstellen von Baugruppen aus Profilen | Lernfeld 8 |
|---|---|---|---|
| Name: | Klasse: | *Aufgaben zu den Profilen* | 3 |

4. Ein warmgefertigtes rechteckiges Stahl-Hohlprofil (DIN EN 10210-2) ist 60 mm breit und 40 mm hoch. Die Wandstärke beträgt 4 mm.

   Einbaulage: 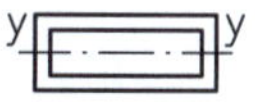


   a) Wie lautet die Normbezeichnung des Profilwerkstoffs?

   b) Erklären Sie die Werkstoff-Normbezeichnung.

   c) Bestimmen Sie das Widerstandsmoment ($cm^3$).

5. Ein NE-Metall-Profil hat die Normbezeichnung:
   T-Profil DIN 9714 R 30 x 30 x 3 – EN AW 6060.

   a) Aus welchem Werkstoff besteht das Profil?

   b) Was bedeutet der Buchstabe „R“?

   c) Wie viel g/$cm^3$ ist die Dichte $\varrho$ dieses NE-Metalls?

6.

**Schmaler I-Träger DIN 1025 – 1**

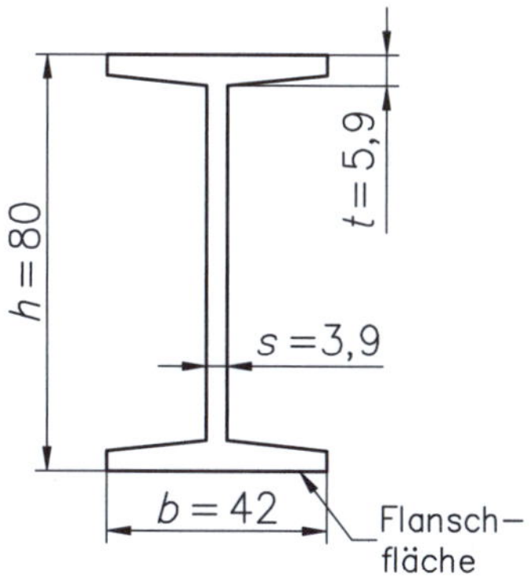


$S$ = 7,57 $cm^2$

$m'$ = 5,94 kg/m

$W_x$ = 19,5 $cm^3$

$W_y$ = 3 $cm^3$

**Mittelbreiter IPE-Täger DIN 1025 – 5**

$S$ = 7,64 $cm^2$

$m'$ = 6 kg/m

$W_x$ = 20 $cm^3$

$W_y$ = 3,69 $cm^3$

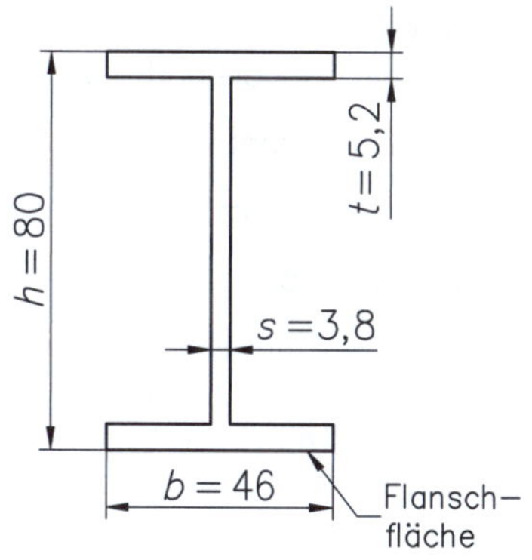


Beide Träger haben annähernd gleiche Maße, Querschnittsflächen, längenbezogene Massen und Widerstandsmomente.
Einer der beiden Träger soll mit der Flanschfläche durch Sechskantschrauben und Muttern befestigt werden.
Welchen I-Träger wählen Sie aus? Begründen Sie Ihre Auswahl.

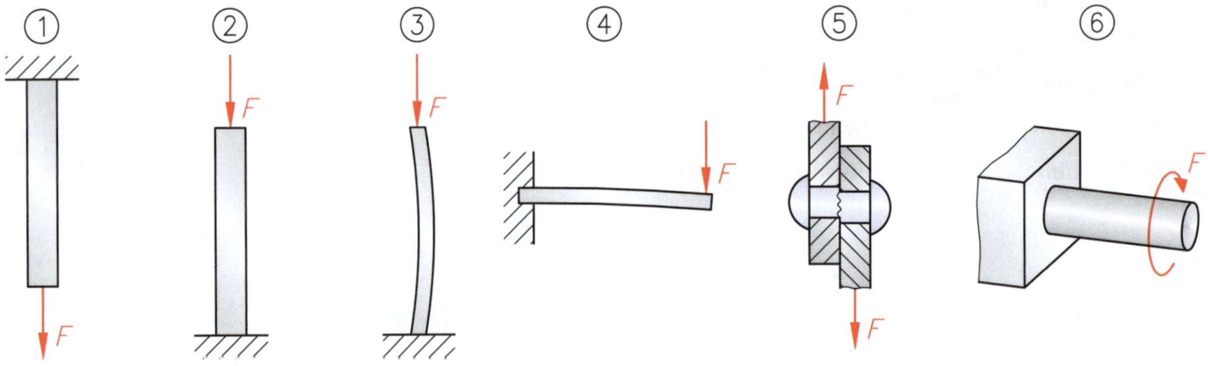


Ordnen Sie zu: Knickung, Zug, Verdrehung, Druck, Scherung, Biegung. Geben Sie jeweils ein Beispiel an.

| | Art der Beanspruchung | Beispiel |
|---|---|---|
| 1 | | |
| 2 | | |
| 3 | | |
| 4 | | |
| 5 | | |
| 6 | | |

## A. Beanspruchung auf Zug

### 1. Zugspannung

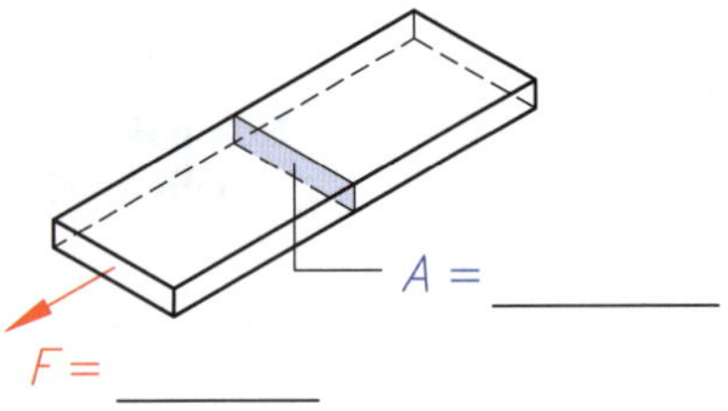


Flachstahl mit einer Querschnittsfläche von 40 $mm^2$ wird mit der Zugkraft von 3 200 N belastet.
Wie groß ist die auftretende Zugspannung?

Die Zugspannung gibt an, welche Kraft in N auf 1 $mm^2$ Querschnittsfläche entfällt.

Formelzeichen: ______ (Sigma Zug)

Benennung: ______

______ $mm^2$ ⟶ ______ N

______ $mm^2$ ⟶ ______ = ______

Zugspannung = ______ $\sigma_z =$ (N/$mm^2$) *F* in ______ *A* in ______

Häufig wird die Fläche *A* auch mit *S* (= Spannungsfläche) abgekürzt.

### 2. Zulässige Zugspannung

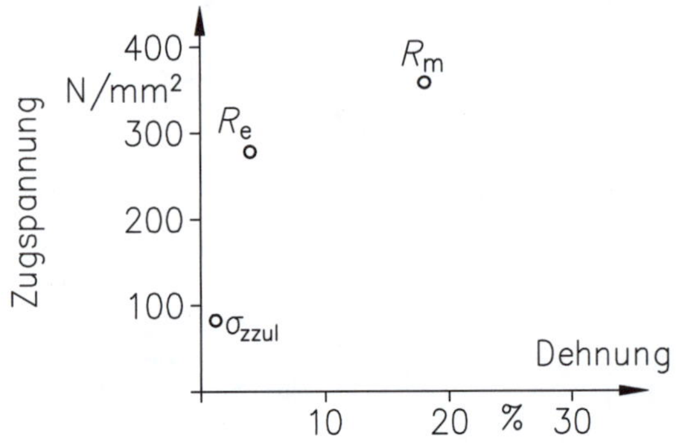


**Beispiel:**

| | | |
|---|---|---|
| Mindestzugfestigkeit | $R_m$ | = 360 N/$mm^2$ |
| Streckgrenze | $R_e$ | = 270 N/$mm^2$ |
| Zulässige Zugspannung | $\sigma_{z\,zul}$ = | 90 N/$mm^2$ |

**Aufgabe:**

Zeichnen Sie in das Diagramm die Dehnung im Verhältnis zur Zugspannung ein, verwenden Sie dazu die bereits eingezeichneten drei Punkte.

Damit Bauteile nicht bleibend verformt werden, darf der Werkstoff nicht bis zur seiner ______________________ , sondern höchstens bis zur ______________________ belastet werden. Dies wird manchmal auch als Grenzspannung $\sigma_{lim}$ bezeichnet.

Aus Gründen der Sicherheit werden Bauteile aber nur mit einem Teil ihrer Mindeststreckgrenze belastet. Diese geringere Zugspannung heißt ______________________ .

Welche Sicherheitszahl $\nu$ (nü) ist im letzten Beispiel mit $R_e$ = 270 N/mm² und $\sigma_{z\,zul}$ = 90 N/mm² vorhanden?

Sicherheitszahl $\nu$ = ________ , weil ______________________ ist.

Wie Sie bereits kennengelernt haben, hängt die Größe der Sicherheitszahl auch vom jeweiligen Belastungsfall ab:

| **Belastungsfall I** | **Belastungsfall II** | **Belastungsfall III** |
|---|---|---|
| 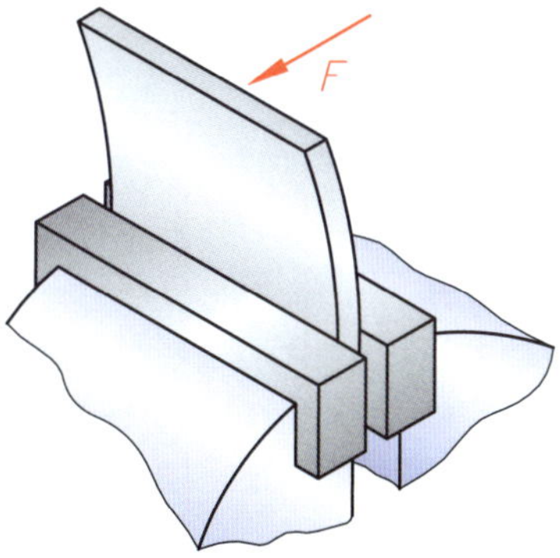  | 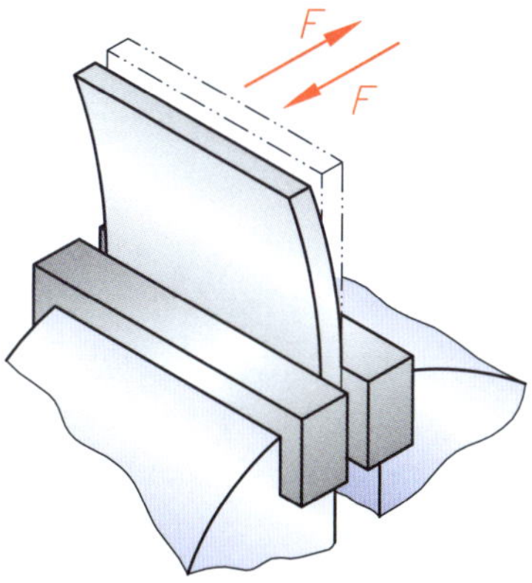  | 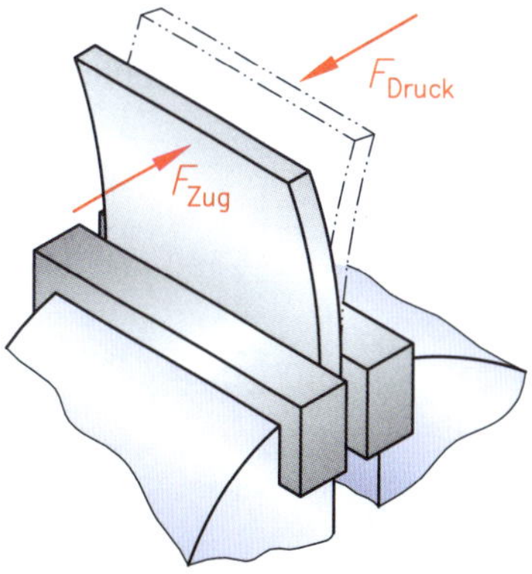  |
| Belastung setzt ein, steigt bis zum Höchstwert an und bleibt während der Belastungszeit gleich. | Belastung steigt von Null bis zum Spannungshöchstwert und geht in die Ausgangslage zurück. Das Blech „schwillt“. | Belastung wechselt nach links und rechts. |
| Zeichnen Sie die Belastungskurve. 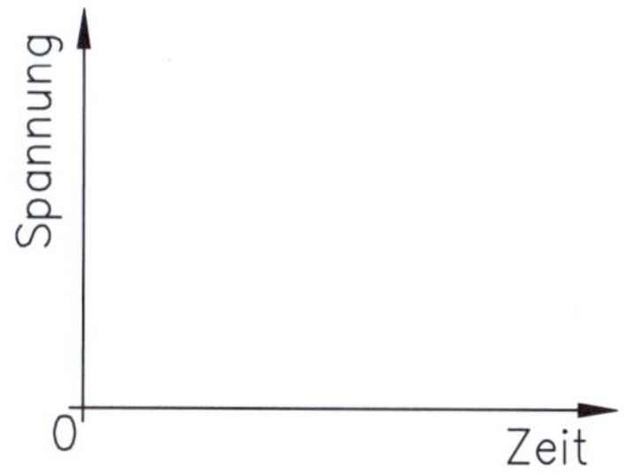  | Zeichnen Sie die Belastungskurve. 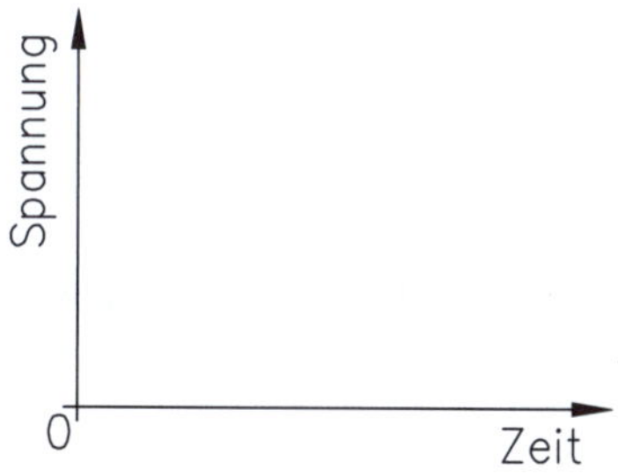  | Zeichnen Sie die Belastungskurve. 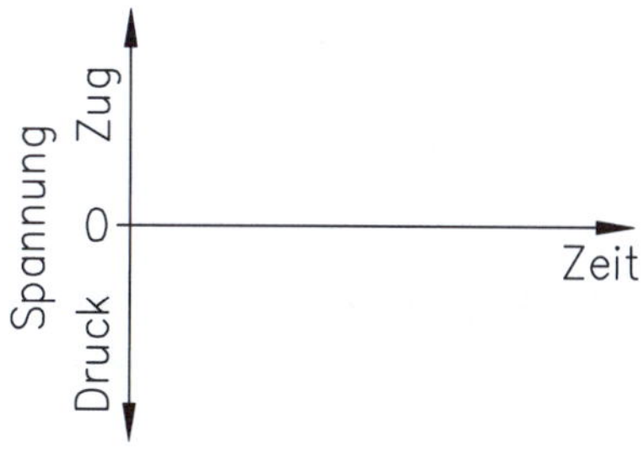  |
| ______________ Belastung | ______________ Belastung | ______________ Belastung |
| ______________ Belastung | ______________ Belastung | |

Berechnen Sie die zulässige Zugspannung eines T-Profils (DIN EN 10055 – S235 JR) für den Belastungsfall II und 2,5-facher Sicherheit.
Entnehmen Sie die Streckgrenze bzw. die Grenzspannung einem Tabellenbuch.

**Geg.:** ____________________

**Ges.:** ________

Bei 1-facher Sicherheit ⟶ ________ N/mm²

bei ______ -facher Sicherheit ⟶ ________ = ________ N/mm²

$\sigma_{z\,zul}$ = (N/mm²) ________ in ________

**Merke!** Bei spröden Werkstoffen (z. B. Gusseisen) wird nicht mit $R_e$, sondern mit $R_m$ gerechnet.

**Aufgaben**

1. **Aufgabe:** Eine Zugstange mit 160 mm² Querschnitt wird mit der Kraft von 20 kN belastet.
   Berechnen Sie die auftretende Zugspannung.

2. **Aufgabe:** In einer Stahlbaukonstruktion wird Flachstahl aus S185 mit 30 x 6 mm Querschnitt auf Zug belastet.
   Wie viel kN Zugkraft kann der Flachstahl mindestens aufnehmen?

3. **Aufgabe:** Welche Zugkraft in (kN) darf ein Quadratstahl S180 30 x 30 mm bei ruhender Belastung aufnehmen, wenn 3-fache Sicherheit vorzusehen ist?

**4. Aufgabe:** Ein Rundstahl wird mit 14,4 kN auf Zug belastet.
Welchen genormten Durchmesser (in mm) muss der Rundstahl mindestens haben, wenn die Grenzspannung bei 180 N/mm$^2$ liegt und 2,5-fache Sicherheit vorzusehen ist?

**5. Aufgabe:** Ein Drahtseil besteht aus 8 Litzen mit je 17 Drähten von 0,3 mm Durchmesser.

a) Welche Zugspannung (in N/mm$^2$) liegt bei einer Belastung von 5 000 N vor?

b) Wird das Drahtseil mit 11,5 kN belastet, ist die Streckgrenze erreicht.
Wie viel N/mm$^2$ beträgt diese?

c) Berechnen Sie die Sicherheitszahl.

**6. Aufgabe:** Eine Sechskantschraube M 12 mit einem Kerndurchmesser von 9,85 mm besitzt die Festigkeitsklasse 10.9.

a) Welche Zugkraft (in kN) kann die Schraube bei 3-facher Sicherheit übertragen?

b) Welche Zugkraft (in kN) kann die Schraube bis zum Bruch mindestens übertragen?

**7. Aufgabe:** Eine Krankette soll die Masse von 2 t heben.
Berechnen Sie den Mindestdurchmesser (in mm) eines Kettenglieds aus S235 JR bei 2,5-facher Sicherheit und dem Belastungsfall II, wenn beide Querschnitte eines Kettenglieds gleichmäßig belastet werden.

## B. Beanspruchung auf Druck

Die Beanspruchung auf Druck wird sinngemäß wie die Beanspruchung auf Zug gerechnet.
Für den Index „z" (Zug) wird der Index „d" (Druck) gesetzt, statt der Streckgrenze $R_e$ bei Stahl und Stahlguss die Quetschgrenze $\sigma_{dF}$.

Beanspruchung auf Zug — Beanspruchung auf Druck

$\sigma_z = \frac{F}{A}$ ⟶ ______ = ______ (N/mm²) ______ in ______
______ in ______

Für Stahl und Stahlguss:

$\sigma_{z\,zul} = \frac{R_e}{v}$ ⟶ ______ = ______ (N/mm²) ______ in ______

**1. Aufgabe:** Welche Druckspannung (in N/mm²) tritt in einer Stahlstütze mit 36 cm² Querschnitt auf, wenn sie mit 648 kN belastet wird?

**2. Aufgabe:** Welche Druckkraft (in kN) kann das skizzierte Stahlrohr (S235 JR) aufnehmen, wenn 5-fache Sicherheit gefordert wird und der Belastungsfall I vorliegt?

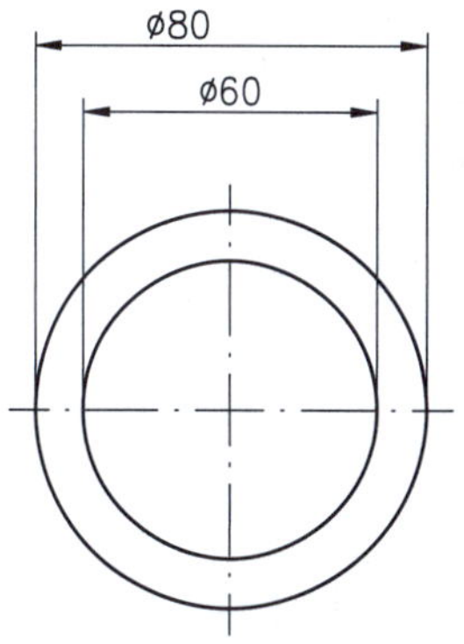

## C. Beanspruchung auf Biegung

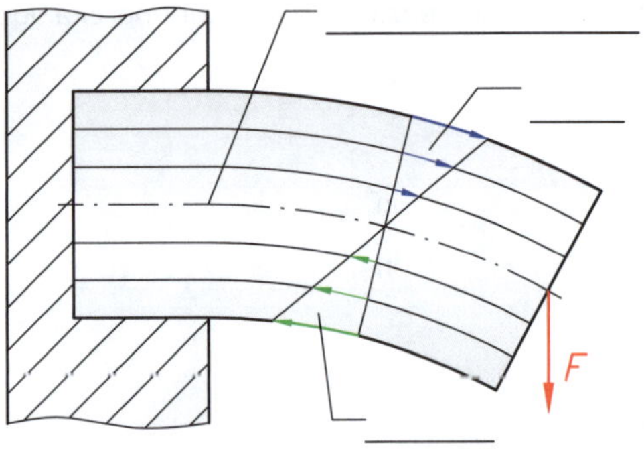


Wird ein Bauteil auf Biegung beansprucht, so werden die Werkstofffasern im oberen Querschnitt gestreckt, im unteren Querschnitt gestaucht. Die neutrale Faser bleibt unverändert; in ihr treten keine Spannungen auf.
Die größte auftretende Spannung wird als Biegespannung bezeichnet. Sie tritt dort auf, wo das Biegemoment ($M_b$) am größten, der Querschnitt des Bauteils daher am meisten gefährdet ist.

### 1. Biegemoment

Die Größe des Biegemoments hängt ab:

| | | | |
|---|---|---|---|
| 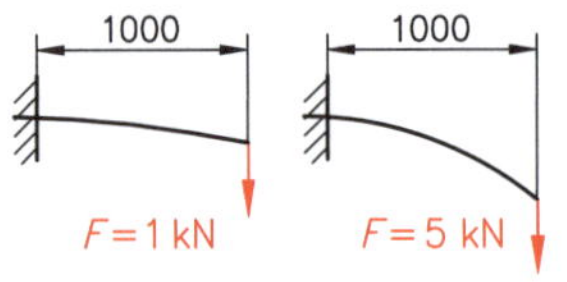 | 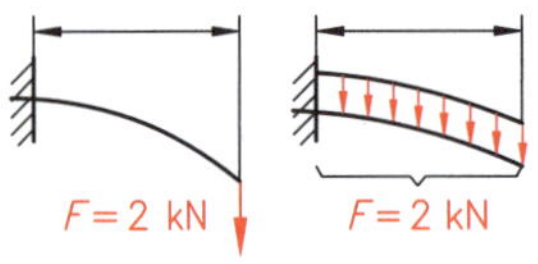 | 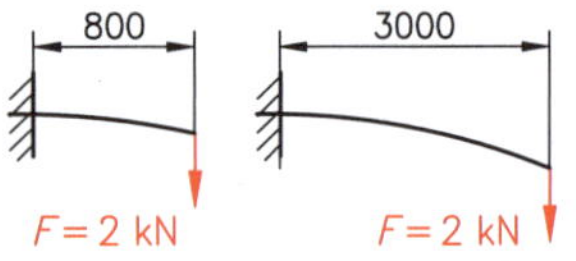 | 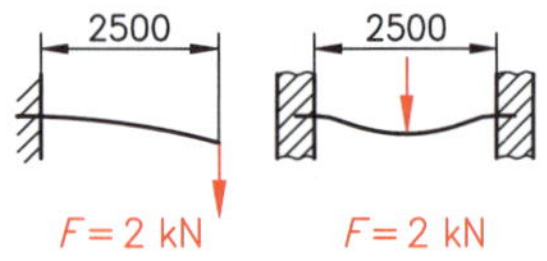 |
| Von der Größe der ______ | Von der ______ ______ der Kraft | Von der ______ des ______ | Von der Art der ______ |

**Verschieden eingespannte Träger und ihre Biegemomente**

| einseitig eingespannt | auf zwei Stützen aufliegend | doppelseitig eingespannt |
|---|---|---|
| 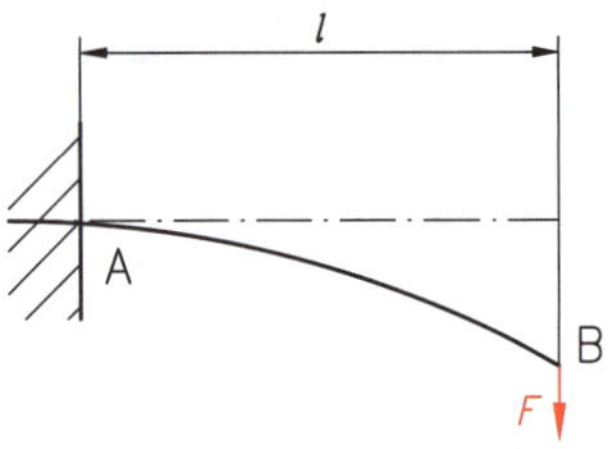 | 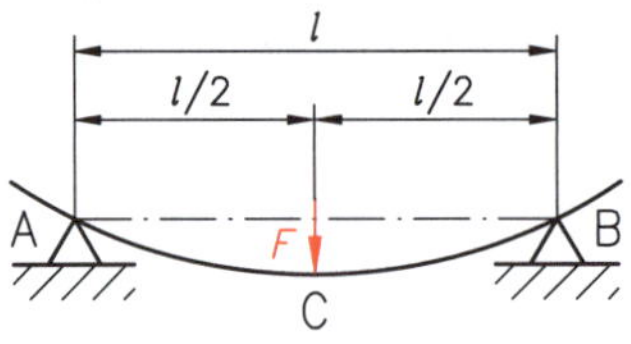 | 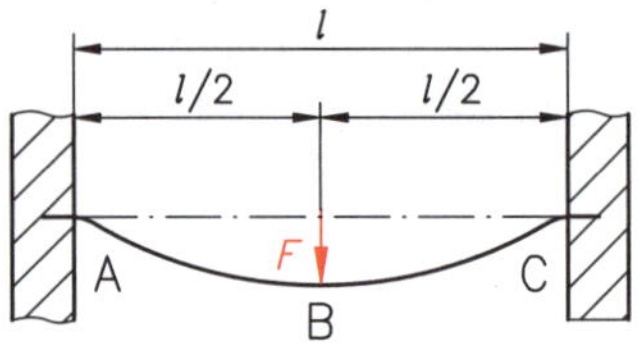 |
| 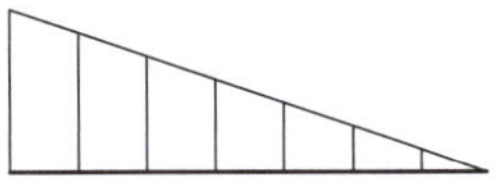 Maximales Biegemoment bei ______ | 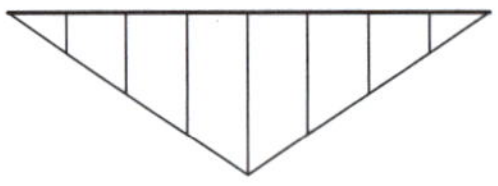 Maximales Biegemoment bei ______ | 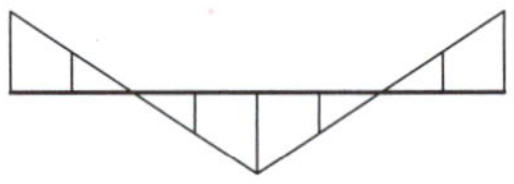 Maximales Biegemoment bei ______ |
| Für Träger mit Einzelkraft *F* belastet gilt: | | |
| $M_b = F \cdot l$ | $M_b = \frac{F \cdot l}{4}$ | $M_b = \frac{F \cdot l}{8}$ |
| Für Träger mit gleichmäßig verteilter Belastung durch Streckenlast $F_S$: | | |
| $M_b = \frac{F_S \cdot l}{2}$ | $M_b = \frac{F_S \cdot l}{8}$ | $M_b = \frac{F_S \cdot l}{12}$ |

**Aufgabe:**
1. Kennzeichnen Sie in den Skizzen den gefährdeten Querschnitt, z. B. Ⓓ.
2. Ziehen Sie das maximale Biegemoment farbig nach.

**1. Aufgabe:** Der skizzierte Träger wird mittig mit der Einzelkraft von 2 kN belastet.
Wie groß (in Ncm) ist sein maximales Biegemoment?

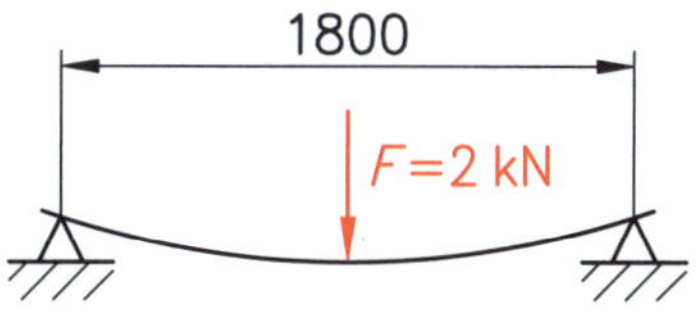


Das Biegemoment kann folgende Benennungen haben:

| Kraft F in | Hebelarmlänge *l* in | | |
|---|---|---|---|
| | mm | cm | m |
| N | | | |

Meist wird mit der Einheit ________ gerechnet.

**2. Aufgabe:** Mit welcher Einzelkraft (in kN) darf ein 400 mm langer, einseitig eingespannter Träger am Ende höchstens belastet werden, wenn das Biegemoment nicht größer als 800 Nm sein darf?
Berechnen Sie die Belastung, wenn sie gleichmäßig verteilt ist.

**3. Aufgabe:** Ein doppelseitig eingespannter Träger wird mit 12 kN auf Biegung beansprucht.
Berechnen Sie seine größtmögliche Länge (in mm),
- bei mittiger Einzelbelastung,
- bei gleichmäßig verteilter Belastung,

wenn das maximale Biegemoment 2 400 Nm sein darf.

## 2. Axiales Widerstandsmoment

Die Größe der Biegespannung hängt – außer vom Biegemoment – noch von folgenden Faktoren ab:

| | | |
|---|---|---|
|  | 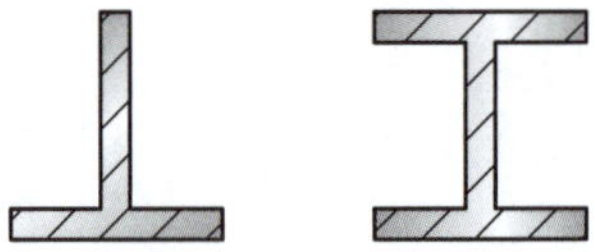 | 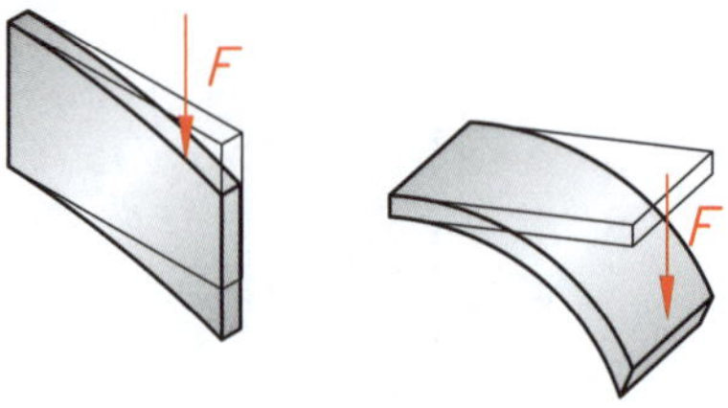  |
| 1. Von der ______ der Querschnittsfläche | 2. Von der ______ des Trägerquerschnitts | 3. Von der Lage der ______ zum Trägerquerschnitt |

Diese Einflüsse werden im Widerstandsmoment (*W*) berücksichtigt. Die Benennung ist $cm^3$.
Für genormte Profile wird das Widerstandsmoment aus Tabellenbüchern entnommen, für einfache Querschnitte wird es berechnet.
Dabei ist die Lage der Biegeachse zu beachten:

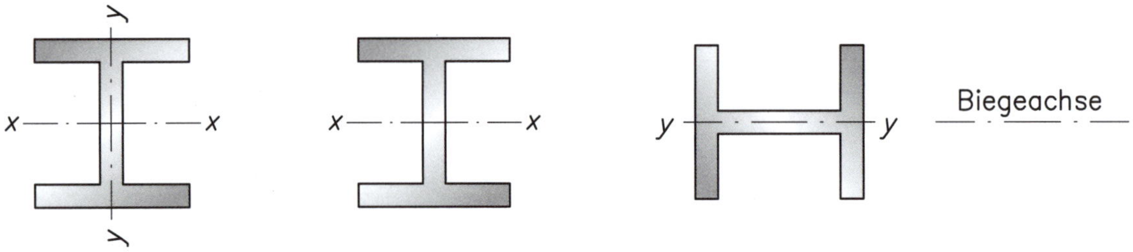


Man unterscheidet daher folgende Widerstandsmomente:

– die Biegeachse ist die x-Achse = *W* ______

– die Biegeachse ist die y-Achse = *W* ______

Es gibt allerdings auch Querschnittsformen, bei denen $W_x = W_y$ ist, also keine Unterscheidung notwendig ist.

Skizzieren Sie solche Querschnitte:

**Axiale Widerstandsmomente einfacher Querschnitte**

| | | | | |
|---|---|---|---|---|
| 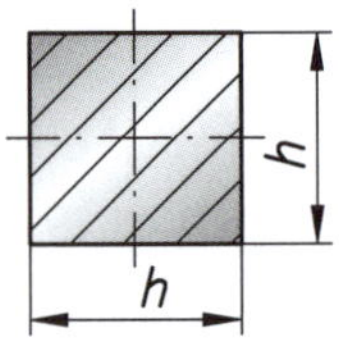  | 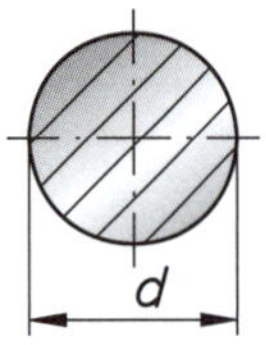  | 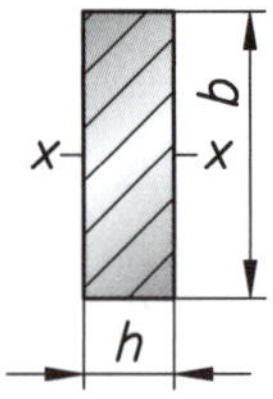  | 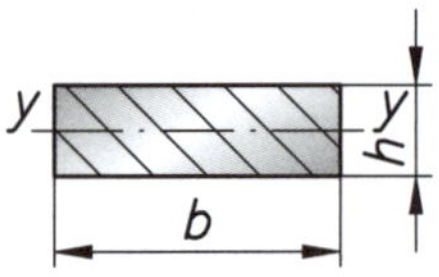  | 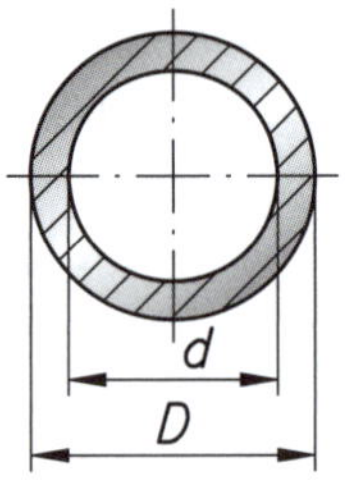  |
| $W = \frac{h^3}{6}$ | $W = \frac{d^3 \cdot \pi}{32}$ | $W_x = \frac{h \cdot b^2}{6}$ | $W_y = \frac{b \cdot h^2}{6}$ | $W_y = \frac{(D^4 - d^4) \cdot \pi}{32 \cdot D}$ |

**1. Aufgabe:** Berechnen Sie das Widerstandsmoment (in $cm^3$) eines Quadratstahls mit 30 mm Kantenlänge.

**2. Aufgabe:** Wie groß sind die Widerstandsmomente (in $cm^3$) für Flachstahl 40 x 8 mm, wenn
a) hochkantig und
b) flachkantig gebogen wird?

**3. Aufgabe:** Ergänzen Sie die Tabelle.

| | U 200 | IPB 180 | L 80 x 40 x 6 | T 50 | I 120 |
|---|---|---|---|---|---|
| $W_x$ ($cm^3$) | | | | | |
| $W_y$ ($cm^3$) | | | | | |

**4. Aufgabe:** Für einen 40 mm breiten Flachstahl (siehe Skizze) wurde ein Widerstandsmoment von 4 $cm^3$ berechnet.
Bestimmen Sie $h$ (in mm) bei hochkantigem und bei flachkantigem Biegen.

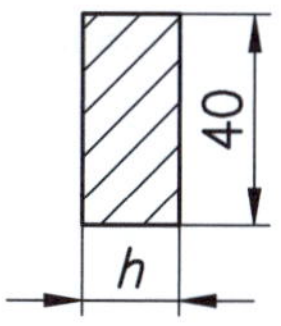

**3. Biegespannung**

Ein einseitig eingespannter Flachstahl (siehe Skizze) wird im Abstand von 500 mm mit 1 200 N auf Biegung beansprucht.

Berechnen Sie

a) das maximale Biegemoment (in Ncm),

b) das axiale Widerstandsmoment (in $cm^3$),

c) die auftretende Biegespannung (in $N/cm^2$ und $N/mm^2$).

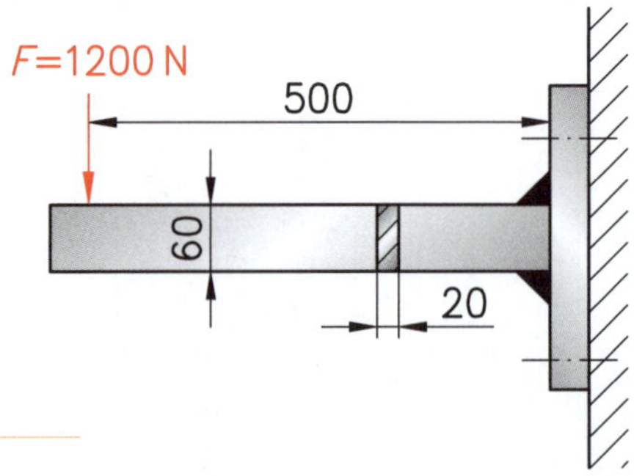


**Geg.:** ______

**Ges.:** a) ______ b) ______ c) ______

Die Biegespannung $\sigma_b$ wird aus dem Biegemoment $M_b$ und dem Widerstandsmoment $W$ berechnet:

$$\text{Biegespannung} = \frac{\text{Biegemoment}}{\text{axiales Widerstandsmoment}}$$

____ = ____ ( ____ )  $M_b$ in ____  $W$ in ____

____ = ____

____ = ____ = ____

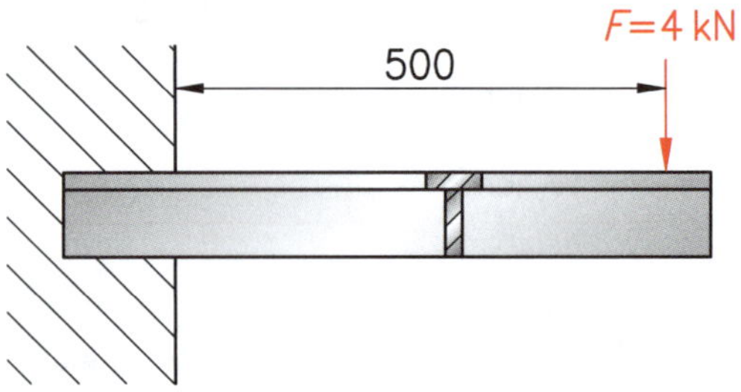


**1. Aufgabe:** Der skizzierte T-Stahl EN 10055 – S235 JR hat eine zulässige Biegespannung von 100 $N/mm^2$. Berechnen Sie das auftretende Biegemoment (in Ncm) und das Widerstandsmoment (in $cm^3$). Wählen Sie ein geeignetes T-Profil.

**2. Aufgabe:** Ein I-Träger, DIN 1025-2 – IPB 160 – S 235 JR, ist auf 3 m Länge doppelseitig eingespannt und wird auf Biegung beansprucht. Die zulässige Biegespannung beträgt 200 N/mm². Mit wie viel kN darf der Träger in der Mitte höchstens belastet werden, wenn a) die Biegeachse x-x und b) die Biegeachse y-y ist?

**3. Aufgabe:** Eine Welle mit 800 mm Lagerabstand trägt in der Mitte die Kraft von 2,5 kN. Die Biegespannung darf 120 N/mm² nicht übersteigen.
Welcher Wellendurchmesser (in mm) ist vorzusehen?

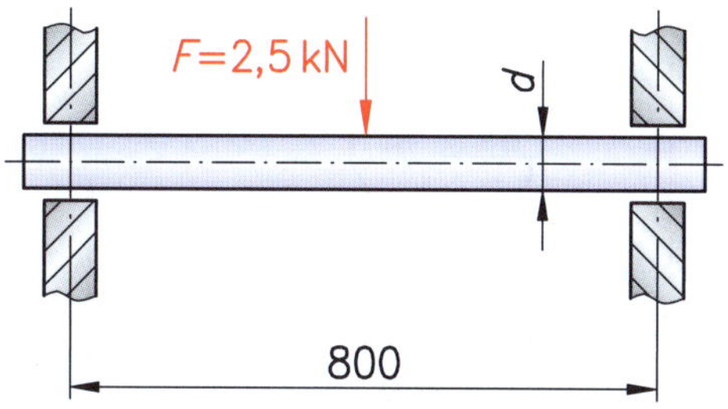

## D. Beanspruchung auf Knickung

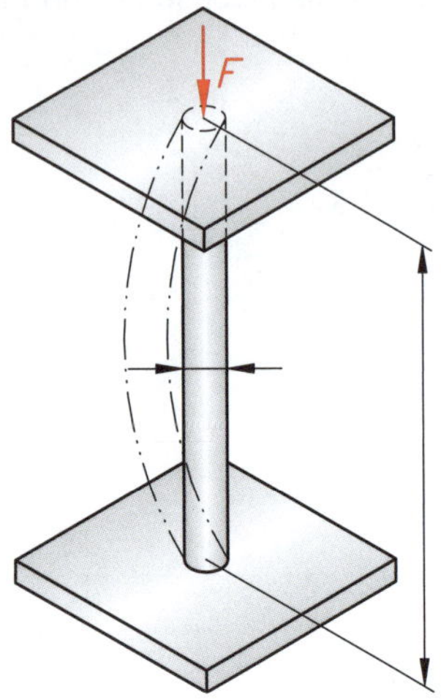


Knickung tritt bei langen und schlanken Bauteilen (z. B. Stützen im Stahlbau) auf.

Dabei weicht das Profil zur Seite aus.

Die Richtung, in die das Bauteil ausknickt, ist besonders von der ______________ (z. B. ◯ ⊔) des Querschnitts abhängig.

Profile aus Stahl knicken immer dorthin aus, wo weniger ______________ vorhanden ist.

Beispiele: 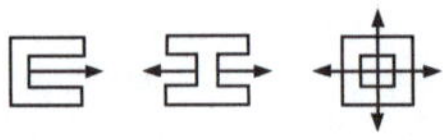

Skizzieren Sie Profile, die keine bevorzugte Ausknickrichtung haben:

Die Belastbarkeit auf Knickung hängt ab

- von der ______________ des Profils (◯-⊏),
- von der Größe der ______________ ($20\ cm^2 - 200\ cm^2$),
- vom ______________ (St – Al), ausgedrückt durch das Elastizitätsmodul,
- von der ______________ (2 m – 20 m) des Bauteils,
- von der Art der ______________ →

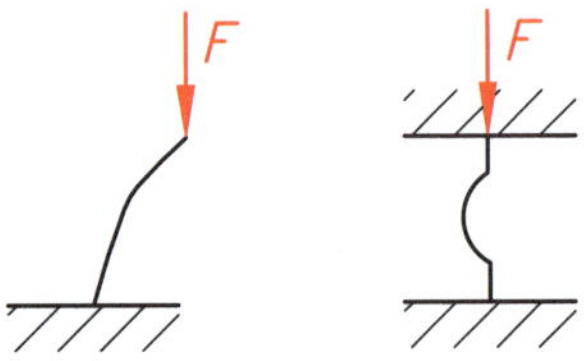


Die Art der Einspannung wird nach Euler durch folgende Belastungsfälle unterschieden:

| I | II | III | IV |
|---|---|---|---|
| 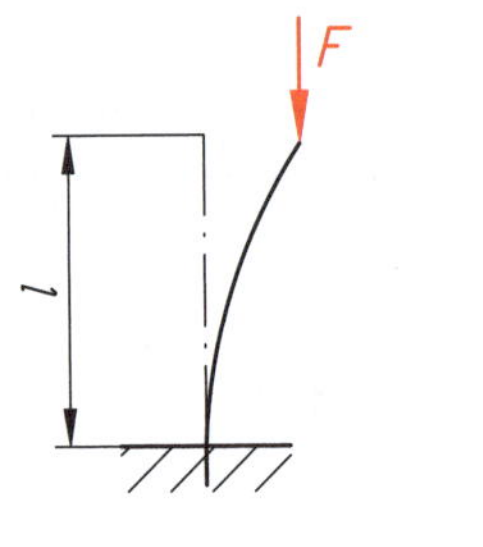 | 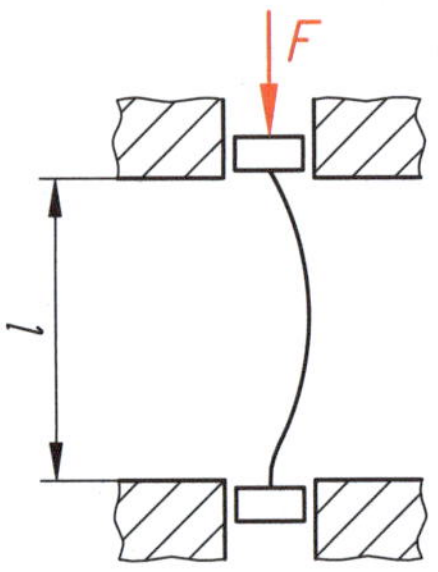 | 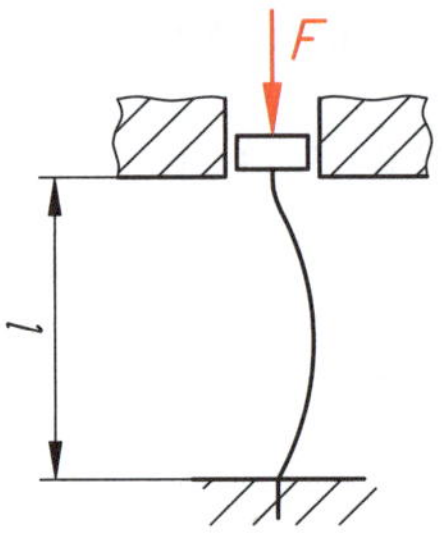 | 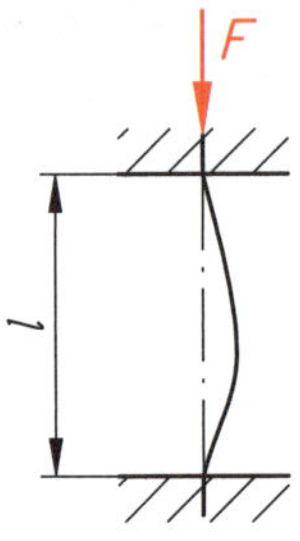 |
| $l_k = 2 \cdot l$ | $l_k = l$ | $l_k = 0{,}7 \cdot l$ | $l_k = 0{,}5 \cdot l$ |

Dabei bedeutet: $l$ = Länge der Stütze
$l_k$ = rechnerische Knicklänge

### 1. Knickbeanspruchung untergeordneter Bauteile

| $F_{k\ zul} =$ |
|---|

$F_{k\ zul}$ = zulässige Knickkraft in kN

$E$ = Elastizitätsmodul in $kN/cm^2$ (siehe Tabellenbuch) für Stahl $E = 210\,000\ N/mm^2$
$I$ = Flächenmoment in $cm^4$ (siehe Tabellenbuch)
$l_k$ = rechnerische Knicklänge in cm
$\nu$ = Sicherheitszahl

**Flächenmomente einfacher Querschnitte**

| | | |
|---|---|---|
| 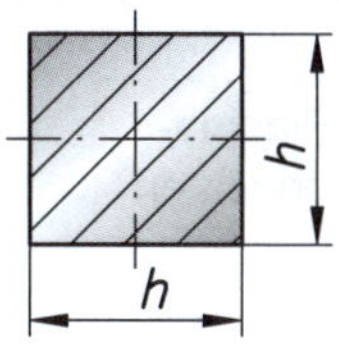  | 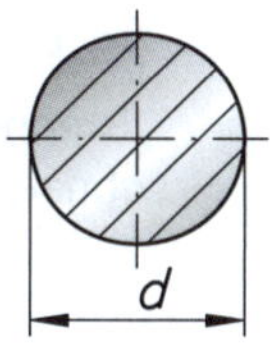  | 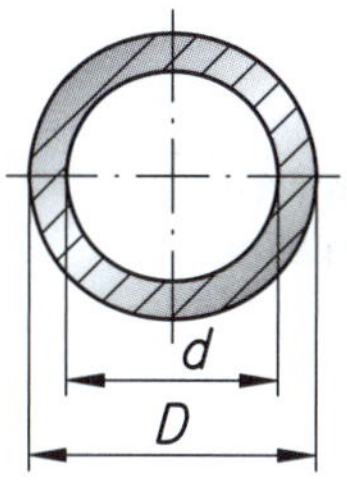  |
| $I = \frac{h^4}{12}$ | $I = \frac{d^4 \cdot \pi}{64}$ | $I = \frac{(D^4 - d^4) \cdot \pi}{64}$ |

**Aufgabe:** Für die 2,8 m hohe Stütze eines Vordachs soll die zulässige Knickkraft (in kN) berechnet werden. Es wird ein Stahlrohr ($D$ = 50 mm, $d$ = 38 mm) im Belastungsfall IV verwendet, die Sicherheit soll 3-fach sein.

**Geg.:**

**Ges.:**

**2. Knickbeanspruchung im Stahlhochbau**

Für den Stahlhochbau sind besondere Berechnungsverfahren vorgeschrieben. Hier wird u. a. auch die Schlankheit der Stütze berücksichtigt.

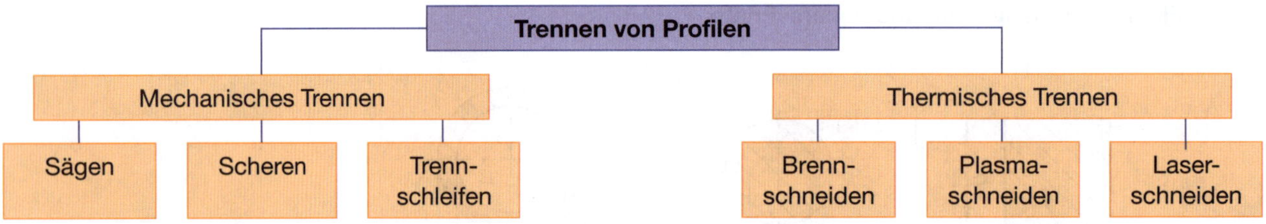


## Mechanisches Trennen

### A. Maschinensägen

#### 1. Maschinen-Kreissäge

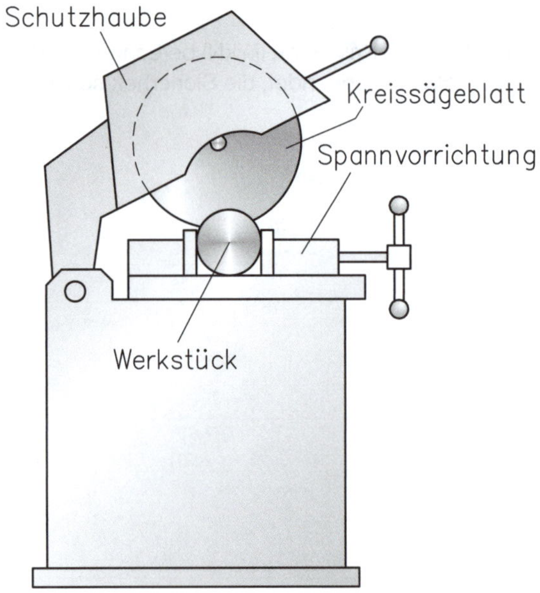


Das Kreissägeblatt besteht entweder ganz aus Schnellarbeitsstahl oder aus Stahl mit aufgenieteten Zahnsegmenten aus Hartmetall.
Bei einfachen Kreissägemaschinen wird das Werkstück von Hand im Maschinenschraubstock eingespannt. Größere Maschinen besitzen eine hydraulische Spannmöglichkeit. Der Maschinenschraubstock kann für Winkelschnitte verstellt werden.

**Nachteil:** ______________________

______________________

______________________

**Vorteil:** ______________________

Das Kreissägeblatt bewegt sich beim Sägen von oben auf das eingespannte Werkstück. Das Sägen nach Anriss ist möglich.
Beim Trennen von dünnwandigen Al-Hohlprofilen werden die Werkstücke pneumatisch gespannt. Welchen Vorteil bringt dies?

______________________

Für stranggepresste AL-Hohlprofile (Tür- und Fensterbau) werden CNC-gesteuerte Doppelgehrungssägen verwendet. Die Sägeblätter bewegen sich von unten nach oben; das Sägen nach Anriss ist nicht möglich.

#### 2. Maschinen-Bandsäge

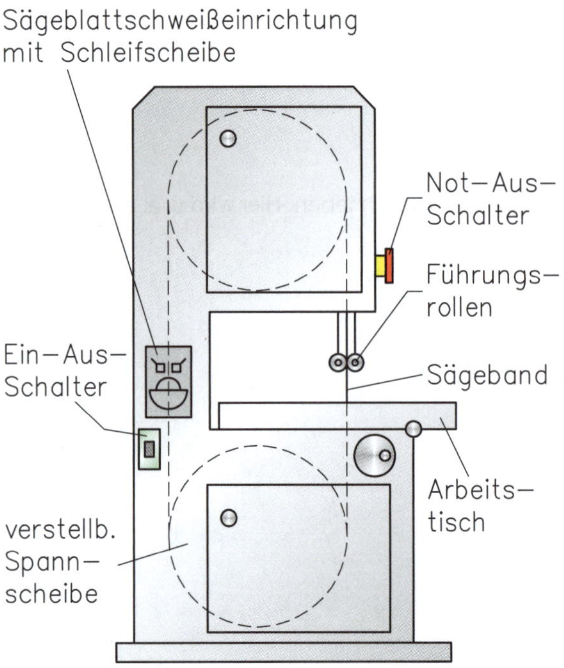


Ein endloses Sägeband läuft über zwei große Rollen. Führungsrollen verhindern das Ausweichen des Sägebands.

**Nachteile:** ______________________

______________________

______________________

______________________

**Vorteile:** ______________________

______________________

______________________

Maschinenbandsägen werden auch in waagerechter Bauweise hergestellt.

### 3. Maschinen-Bügelsäge

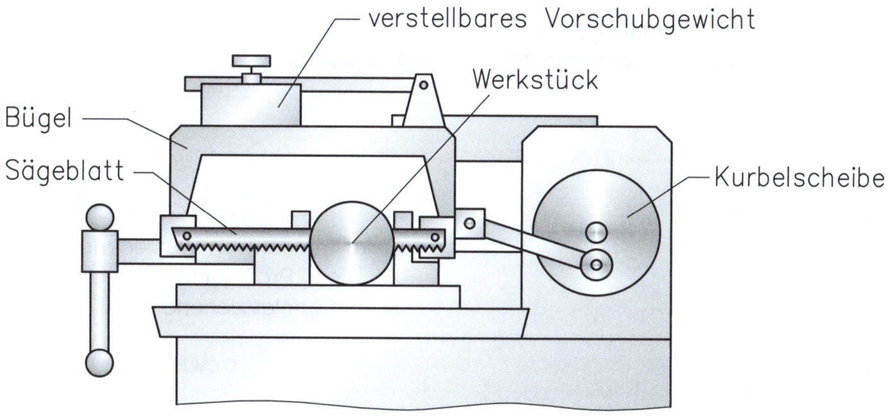


Das Sägeblatt wird durch eine Kurbelscheibe hin- und herbewegt.
Maschinen-Bügelsägen arbeiten unwirtschaftlich. Begründen Sie dies.

______________________________

Ein drehbarer Schraubstock ermöglicht Winkelschnitte.

### 4. Unfallverhütung beim Arbeiten mit Maschinensägen

Setzen Sie in die Lücken sinnvoll ein:
Risse – Schutzabdeckungen – Pinsel – Schnittdruck – eng anliegende – Druckluft – straff – Handfeger

- Bei Vorschub mit der Hand am Ende der Sägearbeit den ______________ verringern.
- Keine ______________ an Maschinen entfernen.
- Späne mit einem ______________ oder ______________ entfernen.
  Niemals ______________ verwenden!
- Vor dem Einbau von Kreissägeblättern das Sägeblatt auf ______________ überprüfen (Klangprobe).
- Das Sägeband muss ______________ gespannt sein.
- ______________ Arbeitskleidung tragen.

### 5. Aufgabe

Ein rechteckiger Rahmen soll aus einem Winkelstahlprofil S235 JR hergestellt werden. Zum Ablängen wird mit einem HSS-Kreissägeblatt gearbeitet. Bestimmen Sie mithilfe des Tabellenbuchs

a) die Zugfestigkeit $R_m$ (in N/mm$^2$) des Winkelstahlprofils,
b) die Schnittgeschwindigkeit $v_c$ (in m/min) des Kreissägeblatts.
c) Berechnen Sie den Schnittwinkel $\delta$ (in °) eines Sägezahns. Der Spanwinkel $\gamma$ beträgt 15°, der Freiwinkel $\alpha$ 12°.

a) $R_m$ = ______________ b) $v_c$ = ______________

c)

## B. Abscheren von Profilen

Wirtschaftlich können Bleche nur durch Scheren getrennt werden. Das Abscheren von Profilen ist vom Werkstoffquerschnitt abhängig und auf Stabstähle beschränkt.
Skizzieren Sie Querschnitte, die durch Scheren getrennt werden können.

### 1. Hand-Formstahlscheren

Beim Trennen von Profilen müssen Ober- und Untermesser dem Profilquerschnitt angepasst sein. Der Trennschnitt erfolgt ziehend.

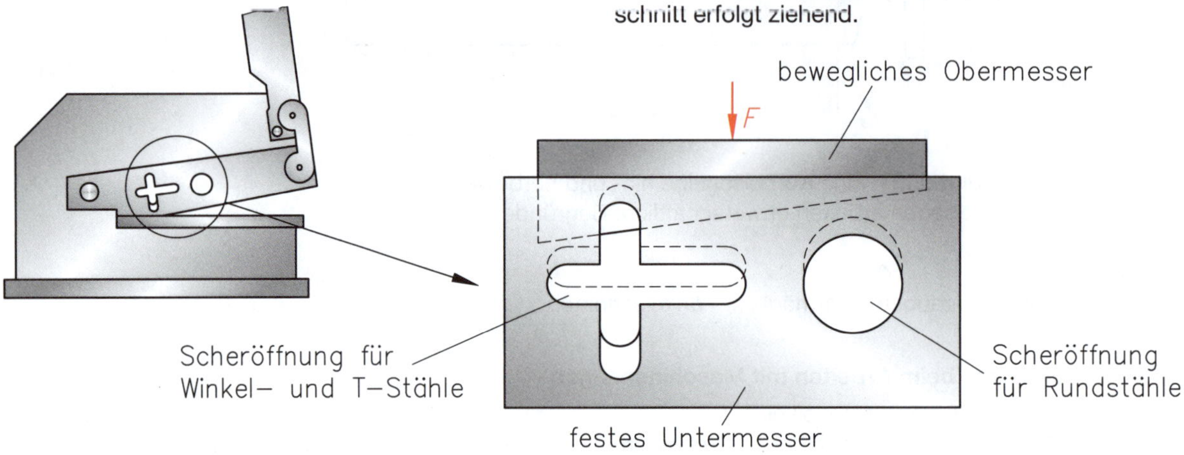


### 2. Trennschnitt

**Parallel- oder Vollschnitt**

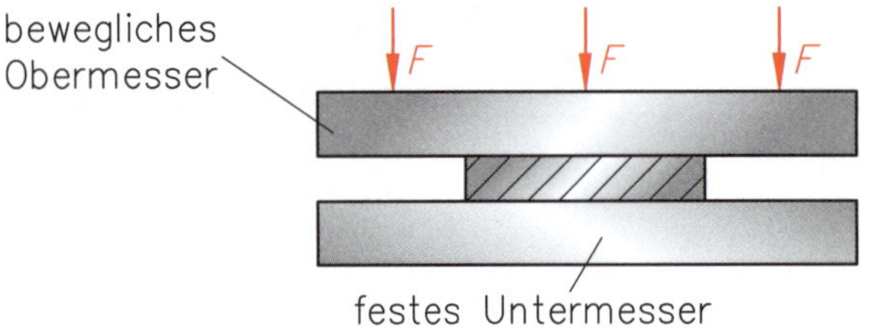


**Zieh- oder Kreuzschnitt**

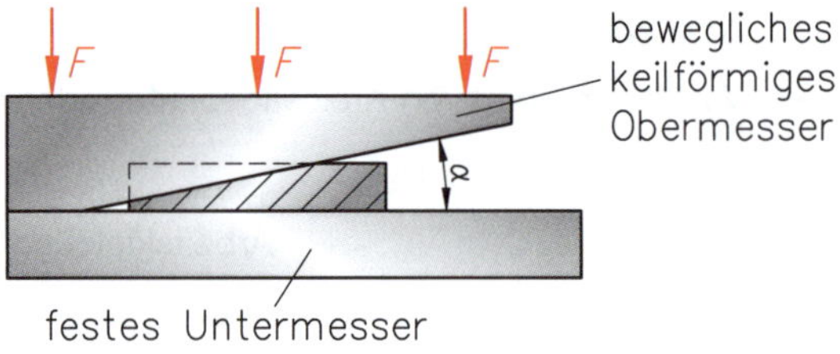


| Parallel- oder Vollschnitt | | Zieh- oder Kreuzschnitt |
| --- | --- | --- |
| | Trennung | |
| | Schnittkraft | |
| | Maschinenleistung | |
| | Maschinenpreis | |

Der Öffnungswinkel $\alpha$ beträgt für Maschinenscheren 0,5 bis 2,5°, für handbetriebene Scheren ≤ 14°.

**3. Beanspruchung auf Schub**

Von einem 12 mm dicken Rundstahl werden Bolzen abgeschert.
Die Mindestzugfestigkeit beträgt 400 N/mm$^2$.

a) Wie groß (in N/mm$^2$) ist die Mindestscherfestigkeit?
b) Wie viel mm$^2$ misst die Scherfläche?
c) Welche Schnittkraft (in N) ist zum Trennen erforderlich?

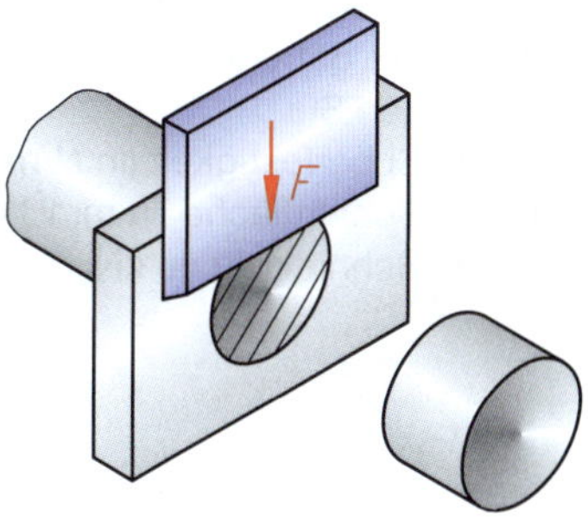


Unterscheiden Sie:

- Beanspruchung auf Zug oder Druck: ______ (sigma)
- Beanspruchung auf Schub oder Abscherung: ______ (tau)

**Geg.:** ______

**Ges.:** a) ______ b) ______ c) ______

a) Vergleichen Sie:

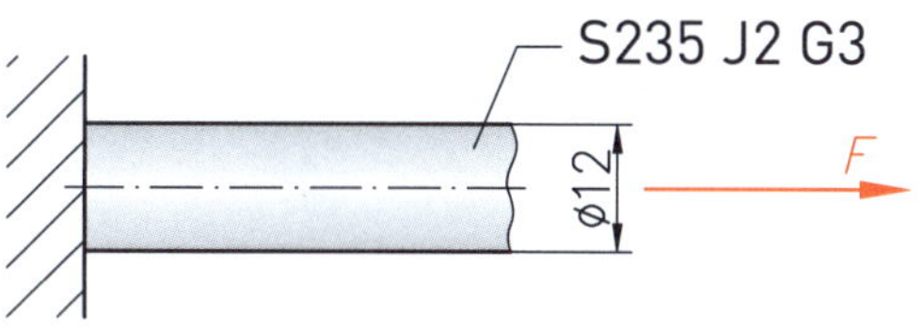


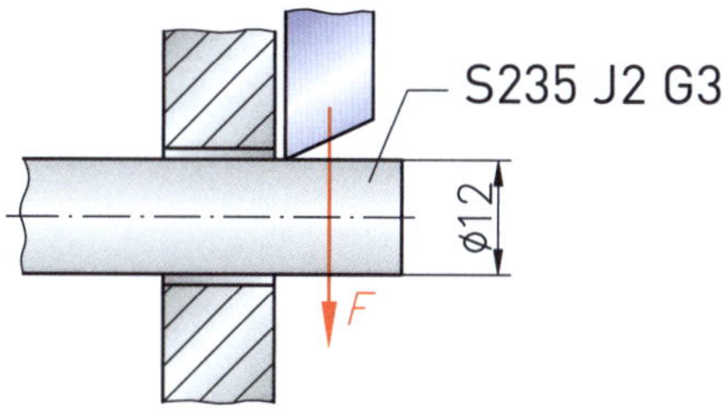


Obwohl Durchmesser und Material gleich sind, kann der Stahl bei Beanspruchung auf

______ ______ belastet werden. | ______ ______ belastet werden.

Ist die Scherfestigkeit nicht bekannt, kann sie bei den Metallen mithilfe der Mindestzugfestigkeit errechnet werden:

$\tau_{aB} = R_m \cdot$ ______ (N/mm$^2$) $R_m$ in N/mm$^2$

$\tau_{aB} =$ ______

$\tau_{aB} =$ ______

b) $A =$

Die Fläche wird manchmal mit dem Buchstaben $S$ abgekürzt.

$A =$

$A =$ ______

c) Auf ______ mm$^2$ → ______ N

auf ______ mm$^2$ → ______ = ______ N

$F =$ ______ (N) ______ in ______
______ in ______

**1. Aufgabe:**

Gleichschenkeliger Winkelstahl (DIN EN 10056-1) 60 x 5 aus S 235 JR ($R_m$ = 370 N/mm²) wird mit einer Maschinenschere getrennt.

Berechnen Sie

a) die Scherfestigkeit (in N/mm²),

b) die Schnittfläche (in mm²) und

c) die Schnittkraft (in kN).

**2. Aufgabe:**

Flachstahl mit 40 mm Breite und der Mindestzugfestigkeit von 350 N/mm² soll durch einen Parallelschnitt getrennt werden. Die Schnittkraft der Maschinenschere beträgt 112 kN.

Wie dick (in mm) darf der Flachstahl höchstens sein?

**3. Aufgabe:**

Der skizzierte Flachstahl soll mit einer Maschinenschere getrennt werden. Ober- und Untermesser bewegen sich parallel.

a) Bestimmen Sie die Mindestzugfestigkeit und die Scherfestigkeit (in N/mm²).

b) Berechnen Sie die Schnittkraft (in kN).

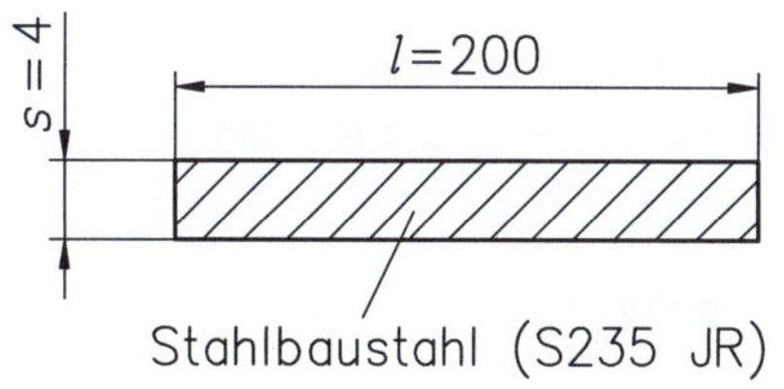


**4. Aufgabe:**

Der Flachstahl in der 3. Aufgabe soll mit einem Ziehschnitt getrennt werden. Der Öffnungswinkel $\alpha$ beträgt 2,5°. Berechnen Sie auch hier wieder die Schnittkraft (in kN).

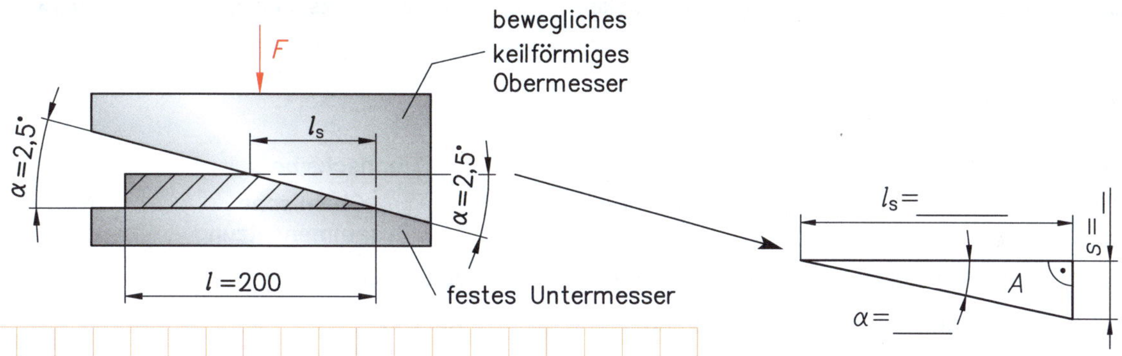


Vergleichen Sie die Schnittkräfte der 3. und 4. Aufgabe.

## C. Trennschleifen von Profilen

Durch das Trennschleifen können Metalle schnell und sauber getrennt werden.
Nennen Sie solche Metalle:

Die dünnen flexiblen Trennscheiben bestehen aus faserverstärkter Kunstharz- oder Gummibindung.

### 1. Trennschleifmaschinen

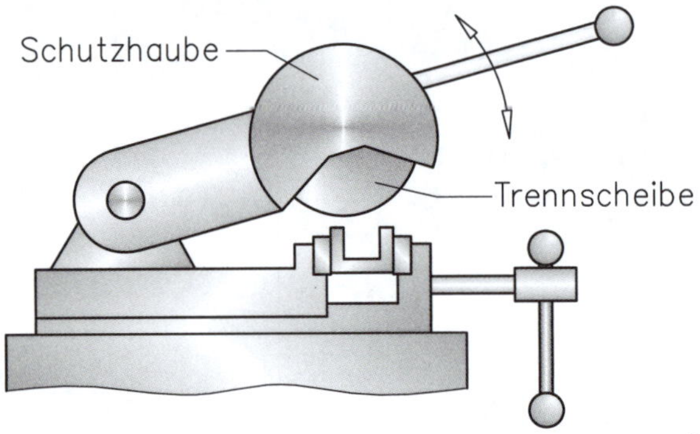


Dor Vorschub kann von Hand oder automatisch erfolgen. Eine Bremse verhindert ein langes Nachlaufen der Trennscheibe; Unfälle werden dadurch vermindert.

Trennscheiben für stationäre Maschinen haben einen Durchmesser bis 500 mm und arbeiten mit einer Schnittgeschwindigkeit $v_c \leqq 100$ m/s.

Profile könne auch mit dem handgeführten Winkelschleifer (= ______ ) getrennt werden. In der Regel werden Trennscheiben für eine maximale Schnittgeschwindigkeit $v_c = 80$ m/s (Farbkennzeichnung: ______ ) verwendet.

### 2. Auswahl der Trennscheiben

| Zu trennender Werkstoff | Trennscheibe | | |
|---|---|---|---|
| | Schleifmittel | Chemische Zusammensetzung | Normung |
| unlegierter Stahl, Stahlguss | Normalkorund | **A**l-Oxid und Beimengung | A |
| unlegierter Stahl, Titan | Edelkorund | **A**l-Oxid | A |
| Gusseisen, Cu, Al, Kunststoffe | Siliziumkorund | Silizium**c**arbid | C |
| Werkzeugstahl, HSS | Bornitrid | **B**ornitrid | CBN |
| nicht rostender Edelstahl | Zirkonkorund | Al-Oxid und **Z**irkonoxid | Z |

**Maximale Drehfrequenz**
Berechnen Sie für die aufgeführten Trennscheiben die maximalen Drehzahlen bei einer Schnittgeschwindigkeit von 80 m/s. Tragen Sie die Ergebnisse in die Tabelle Seite 85 ein.

| Außendurchmesser (mm) | Drehzahl (1/s) | Drehzahl (1/min) |
|---|---|---|
| 115 | | |
| 125 | | |
| 180 | | |
| 230 | | |

Maschinendrehzahl *n* (1/min) für Trennscheiben mit roter Farbkennzeichnung

| Aufnahmebohrung $d$ = 22 mm | | | |
| --- | --- | --- | --- |
| 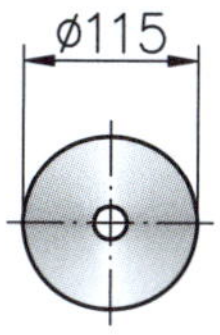  | 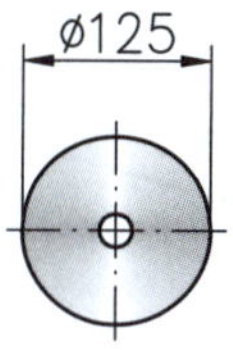  | 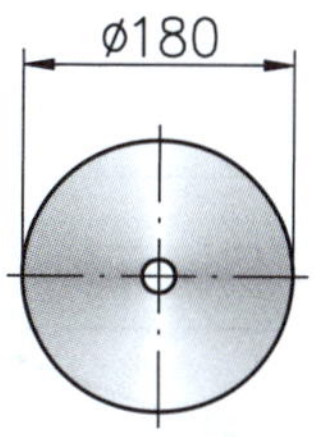  | 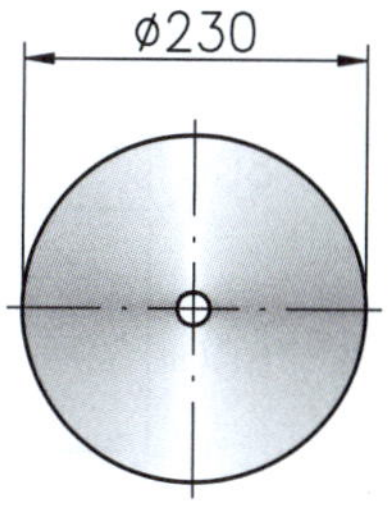  |
| $n$ = ________ 1/min | $n$ = ________ 1/min | $n$ = ________ 1/min | $n$ = ________ 1/min |

### 3. Unfallverhütung

Ein elektrischer Kleinwinkelschleifer hat eine Motordrehzahl von 12 200 1/min und ist für einen maximalen Trennscheibendurchmesser von ________ mm vorgesehen. Bei einem unzulässigen Abbau der Schutzhaube könnte mit dieser Handmaschine auch eine Trennscheibe mit 180 mm Durchmesser betrieben werden. Die maximale Drehzahl dieser Trennscheibe beträgt ________ 1/min.

Die Trennscheibe kann während des Trennens zersplittern, tödliche Verletzungen können die Folge sein. Deshalb

Sie kennen sicherlich noch mehr Unfallverhütungsvorschriften. Nennen Sie diese.

## A. Schweißen allgemeiner Baustähle und von Stahlguss

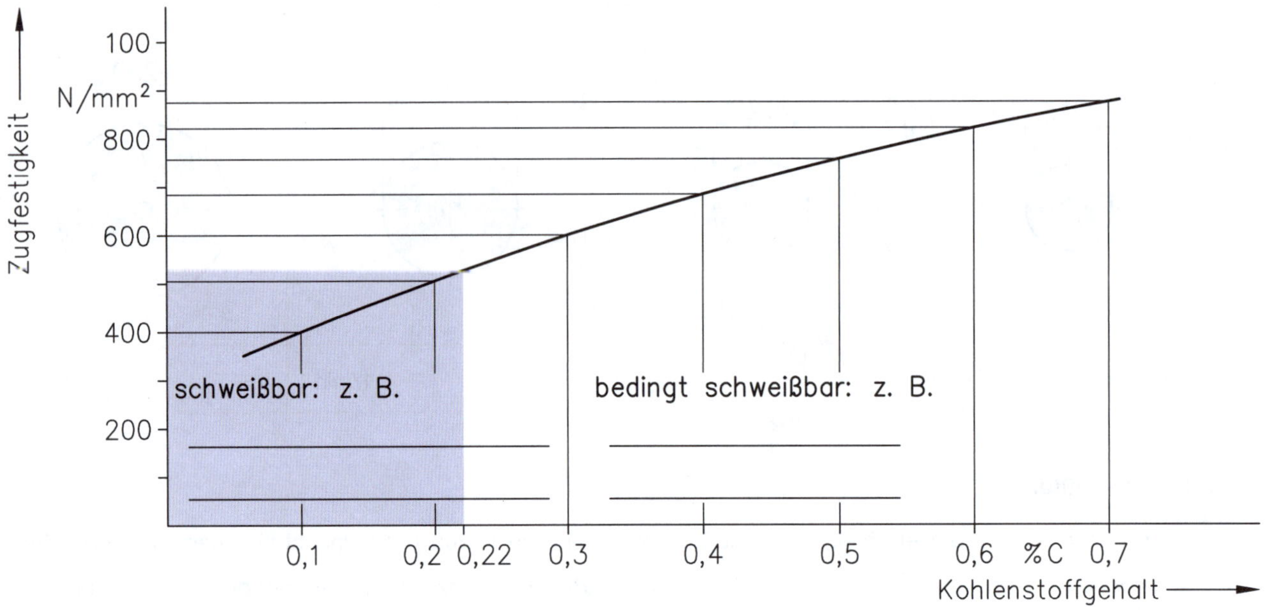


Welche technologische Eigenschaft ändert sich bei steigendem Kohlenstoffgehalt?

Baustähle und Stahlgussteile mit mehr als 0,22 % C-Gehalt (z. B. E 335, GE 300) sind härter. Dies führt beim Erwärmen der Schweißstelle zu erhöhten Wärmespannungen im Gefüge.

Durch welche Maßnahmen können diese Wärmespannungen verringert werden?

1.

2.

## B. Schweißen legierter Stähle

Korrosions-, hitzebeständige und warmfeste Stähle sind mit artgleichen Zusatzwerkstoffen schweißbar.
Warmfeste Stähle, z. B. 50 Cr Mo 4–4, neigen zur Aufhärtung.

**Abhilfe:** 1. Vorwärmen des Werkstücks und Halten der Temperatur

2.

## C. Schweißen von Gusseisen

Nicht vorgewärmte Werkstücke verursachen Wärmespannungen im Gefüge.
Dies tritt besonders beim Schweißen von Gusseisen mit Lamellengraphit in Erscheinung.

Folge dieser Wärmespannungen:

**Abhilfe:** 1. Vorwärmen des Werkstücks und Halten der Temperatur

2.

3.

## D. Schweißen von Aluminium und Aluminiumlegierungen

Für Bleche bis 5 mm Dicke eignet sich das WIG-Schweißen, für Bleche ab 5 mm Dicke das MIG-Schweißen. Flussmittel sind nicht erforderlich.

Beim **M**etall-**S**chutz-**G**asschweißen (= ____________ -Schweißen) brennt zwischen dem Werkstück und einer abschmelzenden Elekrode ein elektrischer Lichtbogen. Als Schutzgas werden aktive Gase (z. B. Kohlenstoffdioxid = $CO_2$) und inaktive (inerte) Gase (z. B. Argon = Ar) verwendet.

Man unterscheidet:

1. **M**etall-**I**nert-**G**asschweißen ( ____________ -Schweißen)
2. **M**etall-**A**ktiv-**G**asschweißen ( ____________ -Schweißen)

**Vorteile:**

Nennen Sie einen Nachteil des Schutzgasschweißens gegenüber dem Schweißen mit der Elektrode. Denken Sie an das Schweißen im Freien.

## A. Aufbau einer MIG-MAG-Schweißanlage

Ordnen Sie der Skizze zu:
Werkstück, Schutzgas, Schweißbrenner, Kühlwasservorlauf, Kühlwasserrücklauf, Schweißdraht, Steuerleitung, Schutzgashülle, Stromleitung.

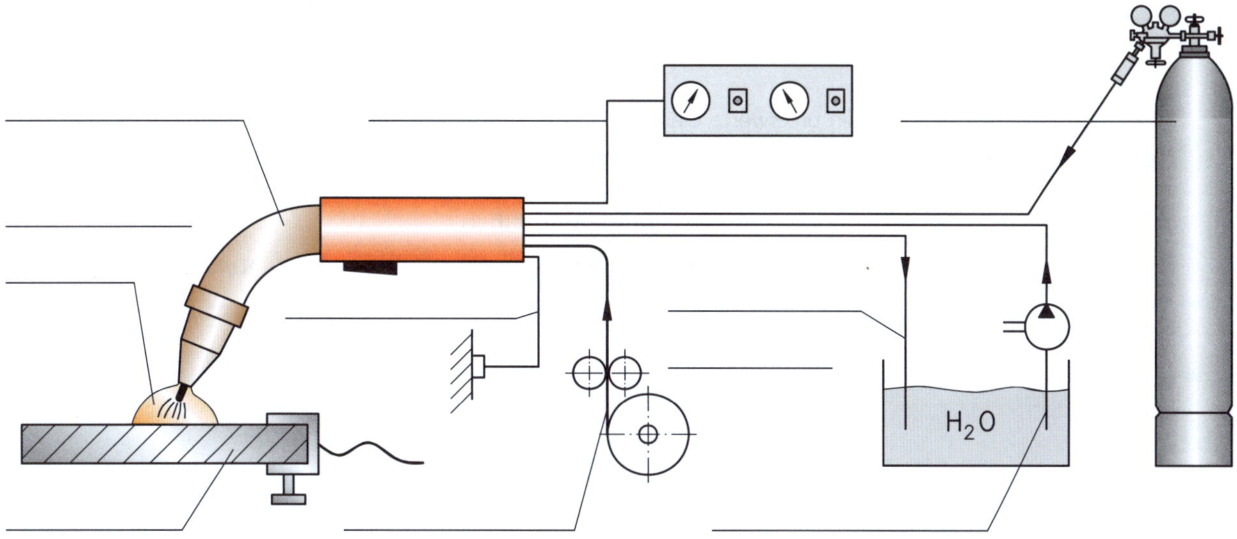


Das MIG-MAG-Schweißen kann auch mit teil- oder vollautomatischen Anlagen betrieben werden.

## B. Schweißverfahren

### 1. MIG-Schweißen

Beim MIG-Schweißen verwendet man als Schutzgas das teuere und reaktionsträge Argon. Dieses inerte Gas hat die Kurzbezeichnung I und nimmt am Schweißprozess nicht teil. Inerte Gase sind Edelgase. Es können auch Gemische von Edelgasen verwendet werden.

Benennen Sie die aufgeführten schweißbaren Werkstoffe. Bestimmen Sie den Kohlenstoffgehalt der aufgeführten Stähle.

| MIG-Schweißen | | |
|---|---|---|
| **Werkstoff** | **Normbezeichnung** | **Kohlenstoffgehalt (%)** |
| | 8 Mn 6 | |
| | 18 Cr 4 | |
| | X 20 MnCr 4–2 | |
| | X 16 CrNi 6–1 | |
| | C 15 E | |
| | C 22 E | |
| | EN AW-5754 | — |
| | EN AW-3103 | — |
| | EN AW-6060 | — |
| | Cu-DHP-R220 | — |
| Neben Al und Cu sind die meisten NE-Metalle (z. B. Ti, Ni) und deren Legierungen schweißbar. | | |

**2. MAG-Schweißen**

Beim MAG-Schweißen werden preiswerte Gase $CO_2$ oder Mischgase verwendet. Sie haben das Kurzzeichen C und nehmen am Schweißprozess aktiv teil. Sie heißen deshalb ____________.

| MAG-Schweißen | | |
|---|---|---|
| **Werkstoff** | **Normbezeichnung** | **Kohlenstoffgehalt (%)** |
| | S 235 J2G3 | |
| | S 275 JR | |
| | S 355 JO | |
| | 16 MnCr 5 | |
| | 20 NiCrMo 2-2 | |
| | X 5 CrNi 18-10 | |
| | X 2 CrNiMoN 17-13-5 | |
| | X 10 Cr 6 | |
| | X 8 CrMo 6 | |

Die Schweißbarkeit der Stähle hängt vom C-Gehalt ab. Dieser darf nicht größer als ________ sein.

**3. Werkstoffübergang im Lichtbogen**

Die stromführende Drahtelektrode erzeugt Magnetfelder. Das flüssige Metall der Elektrode wird dadurch beeinflusst. Es entstehen verschiedenartige Tropfen:

| Sprüh-Lichtbogen (s) | Kurz-Lichtbogen (k) | Lang-Lichtbogen (l) |
|---|---|---|
| 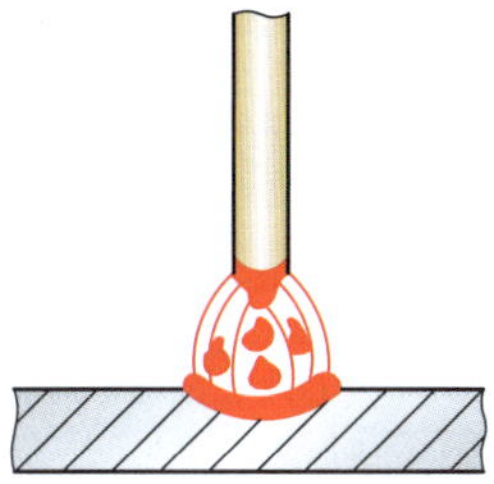 | 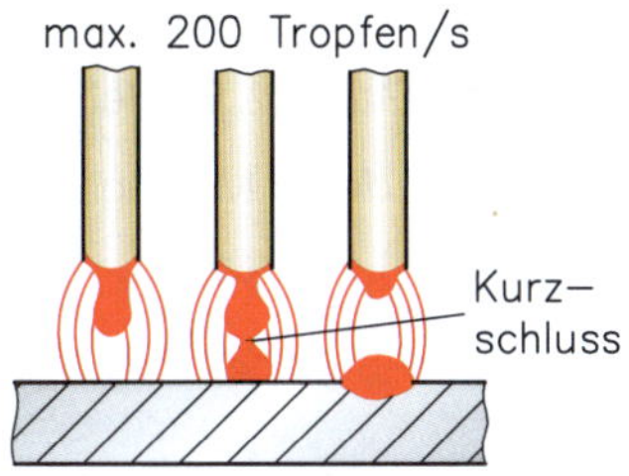  | 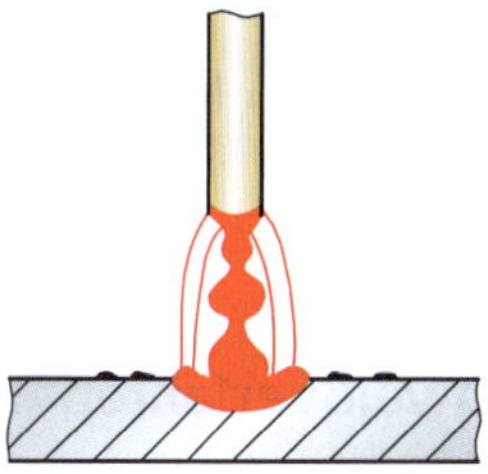 |
| Feinsttropfiger kurzschlussfester Werkstoffübergang | Feintropfiger, nicht kurzschlussfester Werkstoffübergang | Grobtropfiger, nicht kurzschlussfester Werkstoffübergang |
| Hohe Wärmeeinbringung, große Abschmelzleistung | Geringe Wärmeeinbringung, geringe Abschmelzleistung | Geringe Nahtoberflächengüte |
| Für Kehlnähte in Wannenlage | Für Dünnbleche in allen Schweißpositionen | Für Stahlschweißungen mit schmalen und tiefen Einbränden |

Für Dünnblech- und Zwangslagenschweißungen ist der kurzschlussfreie Impuls-Lichtbogen (p) vorteilhaft.

Beim Schutzgasschweißen werden Elektrode, Lichtbogen und Schmelzbad durch Schutzgas umhüllt. Nennen Sie die Aufgaben des Schutzgases.

______________________________________________

## A. Schutzgase

Wie beim MIG-MAG-Schweißen werden Inert-Gase (z. B. Helium He, ____________________), Aktiv-Gase (z. B. ____________________) und deren Mischgase verwendet.

## B. Schweißverfahren

**1. Wolfram-Inert-Gasschweißen (= __________ -Schweißen)**

Ordnen Sie die untenstehenden Begriffe den Skizzen zu:
Schweißstab, Wolframelektrode, Werkstück, Kühlwasser, Schutzgas (z. B. Argon), Schweißdüse, Drahtspule, Führungskopf, Vorschubrollen.

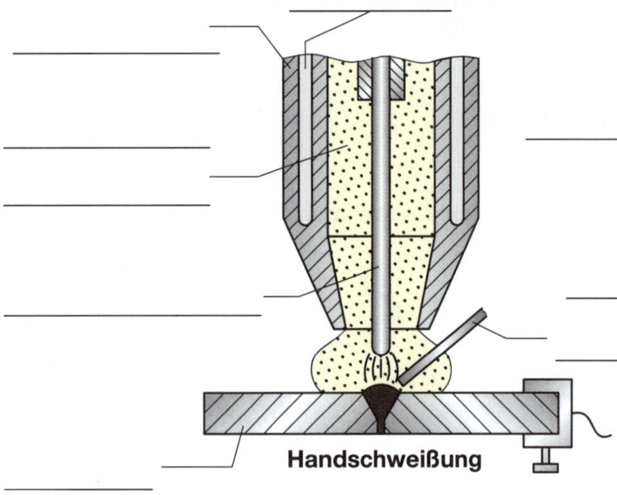

**Handschweißung**

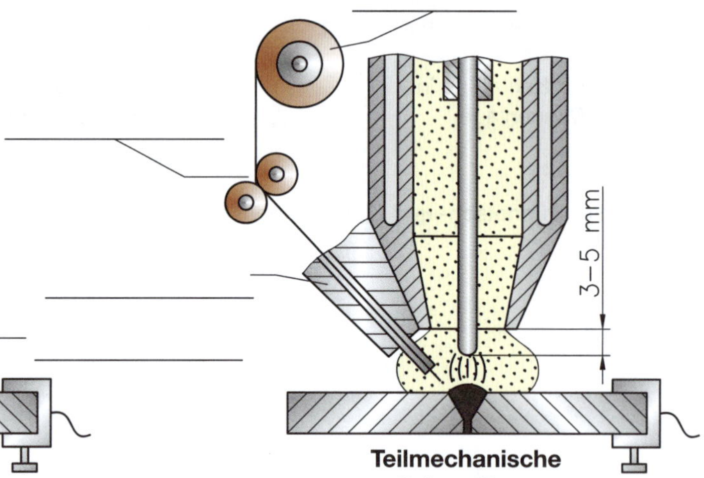


**Teilmechanische Schweißung**

Beim WIG-Schweißen brennt ein elektrischer Lichtbogen zwischen dem Werkstück und einer nicht abschmelzenden Wolframelektrode ($d$ = 1 mm bis 4 mm).
Der Zusatzwerkstoff wird von Hand oder maschinell zugeführt. WIG-Schweißungen werden von rechts nach links ausgeführt.

Man unterscheidet:

a) ____________________ -Schweißen (⎓)

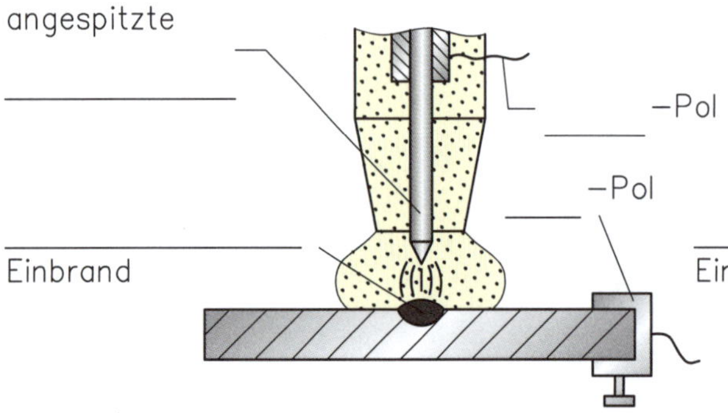


Geeignet für legierte Stähle, rostbeständige Stähle (CrNi-Stähle), NE-Schwermetalle (z. B. Cu, Ni) und NE-Legierungen. Durch die spitze Wolfram-Elektrode brennt der Lichtbogen stabil.

b) ____________________ -Schweißen (∿)

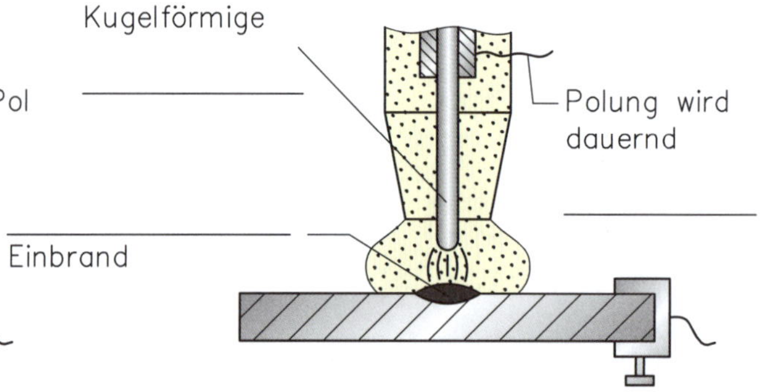


Geeignet für Leichtmetalle

(z. B. ____________________).

Durch den Wechselstrom-Lichtbogen entsteht immer ein kugelförmiges Elektrodenende.

**WIG-Schweißbrenner**

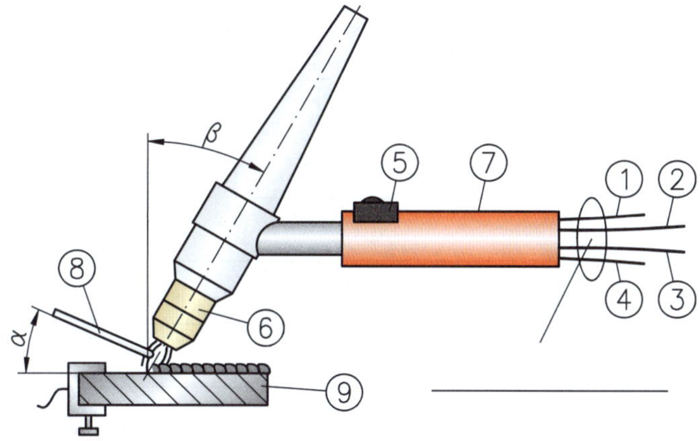


(4) = Steuerleitung
( ) = Gasdüse
( ) = Schweißstab ($\alpha$ ca. 20°)
(1) = Schutzgas
( ) = Schalter für Gas und Strom
( ) = Massekabel
( ) = Schweißbrenner ($\beta$ ca. 15°)
(2) = Schweißstromkabel
(3) = Kühlwasser
(Zu- und Rücklauf)

**Vorteile und Nachteile**

Welche Vor- und Nachteile des WIG-Schweißens verbinden Sie mit folgenden Stichwörtern?
Flussmittel, Blechdicke, Argon, Schutzgashülle, Schweißnahtoberfläche, Schrumpfungen und Spannungen, Schweißgeschwindigkeit, Schlacke, Schweißspritzer.

**Vorteile:**

**Nachteile:**

2. **Wolfram-Plasma-Schweißen (= ____________ -Schweißen)**

Bei diesem Verfahren wird ein WIG-Lichtbogen durch eine wassergekühlte Kupferdüse stark eingeschnürt.

Das hoch erhitzte elektrisch leitende Gas (= ____________ ) wird mit großer Energie der Schweißstelle zugeführt. Ein zusätzlicher Schutzgasmantel umgibt den im Plasmastrahl (20 000 °C) brennenden Lichtbogen und schützt das Schmelzbad vor

____________________.

Die Schweißanlage wird numerisch gesteuert (NC-Maschine).

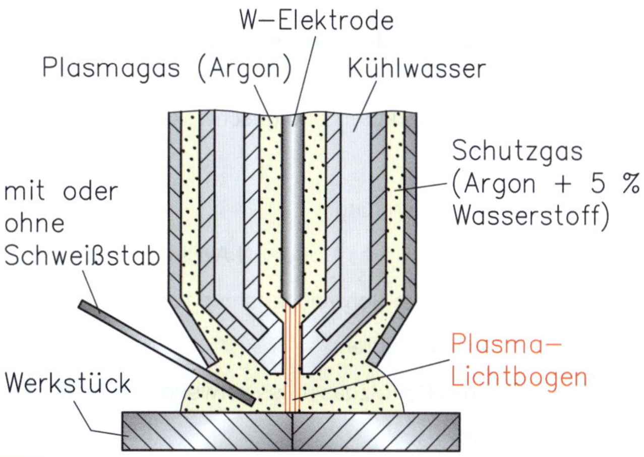


**Vorteile:**

– 
– 
– 
– 

Es können dicke und sehr dünne Teile (z. B. 0,02 mm) geschweißt werden.

Wichtige schweißbare Werkstoffe sind hoch legierte Stähle, Nickel und Nickellegierungen, Titan, Kupfer und Kupferlegierungen.

**3. Schweißgut beim Schutzgasschweißen nach DIN EN ISO 14341**

Erklären Sie mithilfe des Tabellenbuchs folgende Normbezeichnung:

Schweißgut DIN EN ISO 14341 G 46 3 M G3 Si1

G: ______

46: ______

3: ______

M: ______

G3 Si1: ______

Beim Schweißen von NE-Metallen ist der Schweißzusatz-Werkstoff vom Material der zu verschweißenden Bauteile abhängig. Genaue Angaben finden Sie im Tabellenbuch.

**4. Aufgaben zum Schutzgasschweißen**

Benutzen Sie zum Lösen der Aufgaben Ihr Tabellenbuch.

a) Ein Winkelstahlrahmen aus S 355 JO wird durch Schutzgasschweißen hergestellt.

Welches Schweißverfahren verwenden Sie?

Schweißverfahren: ______

Schutzgas: Z. B. ______

b) Ein Metallbauer verwendet ein Schutzgas mit der Normbezeichnung Schutzgas DIN EN ISO 14175 – I2.

Um welches Schutzgas handelt es sich?

Welche Kennfarben hat die Schutzgasdruckflasche?

Schutzgas: ______

Kennfarbe des Flaschenkörpers: ______

Kennfarbe der Flaschenschulter: ______

c) Ein Facharbeiter verwendet beim Schutzgasschweißen einen Schweißzusatz nach DIN 1732 – SG – Al Mg 5 – 4 x 600.

Welcher Werkstoff wird geschweißt, und wie lautet seine Normbezeichnung?

Werkstoff: ______

Normbezeichnung: ______

oder EN AW – Al Mg 3 oder EN AW – Al Zn 4,5 Mg 1

Mit welchem Schweißverfahren arbeitet der Facharbeiter?

Schweißverfahren: ______

Welches Schutzgas muss verwendet werden?

Schutzgas: ______

Was bedeutet beim Schweißzusatz die Angabe 4 x 600?

4: ______

600: ______

| Konstruktionsmechanik | Datum: | **Herstellen von Baugruppen aus Profilen**<br>*Schweißnahtbeurteilung bei Stahl und Aluminium* | Lernfeld 8 |
|---|---|---|---|
| Name: | Klasse: | | 9 |

## A. Innere Schweißnahtfehler

Überlegen Sie die Ursachen der folgenden Schweißnahtfehler.

| Oxid- und Schlacken-einschlüsse | Bindefehler | Porenbildung | Wolframeinschlüsse |
|---|---|---|---|
| 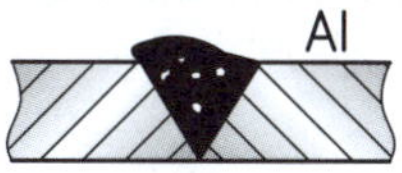 |  |  |  |
| Ursachen: | Ursachen: | Ursachen: | Ursachen: |
| | | | |
| | | | |
| | | | |
| | | | |

## B. Äußere Schweißnahtfehler

| Schweißspritzer | Nahtvertiefung |
|---|---|
| 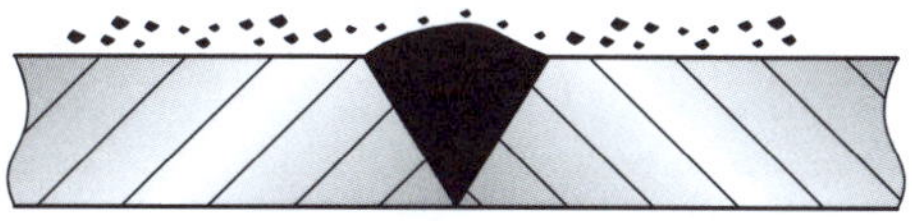 |  |
| Stromstärke zu ______________,<br>Falsche Elektrodenwahl.<br>Zu ______________ Lichtbogen,<br>______________ Schweißdüse. | Zu ______________ Stromstärke,<br>______________ Schweißgeschwindigkeit. |

| Einbrandkerben | Mangelhafte Durchschweißung |
|---|---|
|  | 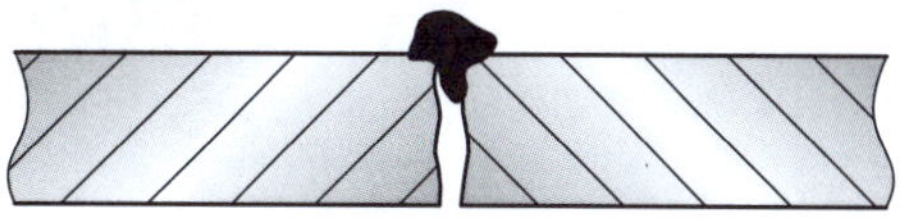 |
| Stromstärke zu ______________,<br>falsche Elektrodenführung. | Elektrodendurchmesser zu ______________,<br>______________ Fugenvorbereitung,<br>Schweißspalt zu ______________,<br>Schweißstrom zu ______________. |

## A. Gasschmelzschweißen

Werden Stahlbaustähle durch Gasschmelzschweißen verbunden, ist eine Nachbehandlung der Schweißnähte nicht notwendig.
Al-Gasschmelzschweißen mit Sauerstoff und Acetylen wird nur noch bei Reparaturarbeiten angewendet. Die Al-Oxidhaut muss durch einen Flussmittelauftrag beseitigt werden.
Säurehaltige Flussmittel greifen Aluminium an und müssen nach dem Schweißen entfernt werden. Dazu verwendet man eine 10 %-ige Salpetersäurelösung. Anschließend wird die Naht mit warmem Wasser abgebürstet.

## B. Lichtbogenschweißen mit Elektrode

Für das Schweißen an Al-Werkstoffen werden flussmittelumhüllte Elektroden verwendet. Nach dem Abklopfen der Schlacke muss die Schweißnaht wie beim Gasschmelzschweißen gereinigt werden.

Beschreiben Sie die Nachbehandlung beim Schweißen von Stahlbaustählen.

1. ______
2. ______
3. ______

## C. Schutzgasschweißen

**1. Aluminium und Stahlbaustahl**

Beim MIG-, MAG- und WIG-Schweißen entsteht keine Schlacke.

**Nachbehandlung:** ______

Beim MAG-Schweißen: ______

**2. Legierte rostfreie Edelstähle**

An der Oberfläche von Cr-Ni-Stählen bildet sich durch das Erwärmen eine Oxidschicht. Diese Anlauffarben können Korrosion auslösen.

**Entfernen der Anlauffarben durch**

**Strahlen:** ______

**Bürsten und Schleifen:** ______

**Beizen:** ______

## A. Umgang mit Schutzgasen

1.

2.

3.

4.

5.

6.

## B. Arbeitsschutz beim Schutzgasschweißen

### Elektrischer Strom

1.
2.
3.
4.
5.
6.

7.

8.

### Schweißen von Tanks oder Fässern

**Möglichkeiten:** Schutzfüllung mit Wasser
Schutzfüllung mit Stickstoff
Schutzfüllung mit Kohlendioxid

### Lichtbogenstrahlung

1. MIG- und MAG-Schweißen:
   WIG- und WP-Schweißen:
2. Mitarbeiter müssen abgeschirmt werden.

### Rauche und Dämpfe

Die unsichtbare UV-Lichtbogenstrahlung erzeugt aus dem Luftsauerstoff Ozon. Dieses giftige Reizgas schädigt Schleimhaut und Atemwege.
Durch den Lichtbogen entstehen giftige Stickoxide. Dies führt zur Schädigung der Lunge.
Metallreinigungsmittel auf Werkstücken werden durch die UV-Strahlung zerstört und bilden das giftige Phosgen.

**Abhilfe:**

Beachten Sie, dass die Schutzgasglocke über der Schweißnaht nicht zerstört wird.
Beim Schweißen in Kellerräumen oder Kesseln muss dem Schweißer Frischluft zugeführt werden. Niemals Sauerstoff verwenden!

**Mechanische Gefahren**

Beim MIG- und MAG-Schweißen können Stichverletzungen durch unbeabsichtigtes Einschalten des Drahtvorschubs entstehen.

**Abhilfe:** Vorsicht beim Betätigen des Einschalters!

**Feuer- und explosionsgefährdete Räume**

1. Brennbare Gegenstände aus der Gefahrenzone entfernen.
2. Fest montierte brennbare Gegenstände durch Feuerschutzplanen abdecken.
3. Wand- und Bodenöffnungen (z. B. Rohrdurchführungen) zu anderen Räumen abdichten.
4. Stets Löschmittel (z. B. Feuerlöscher) bereithalten.
5. Feuerwache aufstellen.

## B. Lichtbogenschweißen

Am Monatsende zeigt der Zähler einen Energieverbrauch von 272 kWh an. Dem Versorgungsunternehmen (Elektrizitätswerk) müssen für die gelieferte Energie die Kosten bezahlt werden.
Wie hoch (in €) sind die monatlichen Energiekosten bei einem Arbeitspreis von 0,11 €/kWh?

**Geg.:** ______

**Ges.:** ______

Für 1 kWh ⟶ ______

für ______ kWh ⟶ ______ = ______

Energiekosten = ______

1. **Aufgabe:** Eine Schweißmaschine mit 8 kW Leistung verursacht 1,28 € Energiekosten. 1 kWh kostet 0,10 €.
Wie lange (Stunden, Minuten) war das Gerät eingeschaltet?

2. **Aufgabe:** Der Drehstrommotor eines Schweißgenerators mit 400 V nimmt bei einem Leistungsfaktor von 0,85 den Strom von 18 A auf. Täglich ist die Schweißmaschine 4,5 h in Betrieb (Leerlaufverluste werden nicht berücksichtigt).
Berechnen Sie die täglichen Energiekosten (in €) bei einem Arbeitspreis von 0,13 €/kWh.

Für den Pausenhof der Berufsschule werden Sitzbänke benötigt. Diese sollen von der Metallklasse in Gruppenarbeit hergestellt werden.

1. Grundmaße
   Länge: z. B. 1500 mm
   Breite: 250 mm
   Höhe: 460 mm
   Stärke der Sitzfläche 25–30 mm
2. Die Füße sollen einklappbar sein.
3. Beim Stapeln der Bänke darf die Sitzfläche nicht beschädigt werden.
4. Die Füße dürfen in weiche Böden nicht einsinken.
5. Das Fußgestell muss im ein- und ausgeklappten Zustand gesichert sein (Unfallgefahr).
6. Alle Metallteile sollen gegen Korrosion geschützt sein.

Skizzieren Sie Ihren Vorschlag für die Sitzbank als Raumbild.

Zeichnen Sie auf den folgenden Blättern Ihren Vorschlag
- als Zusammenbauzeichnung und
- in den Einzelteilen.

Stückliste

| 1 | 2 | 3 | 4 | 5 | 6 |
|---|---|---|---|---|---|
| **Pos.** | **Menge** | **Einheit** | **Benennung** | **Sachnummer/Norm-Kurzbezeichnung** | **Bemerkung** |
| | | | | | |
| | | | | | |
| | | | | | |
| | | | | | |
| | | | | | |
| | | | | | |
| | | | | | |
| | | | | | |
| | | | | | |
| | | | | | |
| | | | | | |
| | | | | | |
| | | | | | |
| | | | | | |
| | | | | | |
| | | | | | |
| | | | | | |
| | | | | | |
| | | | | | |
| | | | | | |
| | | | | | |
| | | | | | |
| | | | | | |

**Gesamtzeichnung der Sitzbank**

| | | |
|---|---|---|
| Maßstab | | |

| Maßstab | | Teil 2 |
|---|---|---|

| Maßstab | | Teil 6 |
|---|---|---|

| Maßstab | | Teil 7 |
|---|---|---|

| Maßstab | | Teil 8/9 |
|---|---|---|

| Maßstab | | Teil 10 |
|---|---|---|

| Maßstab | | Teil 11 |
| --- | --- | --- |

| Maßstab | | Teil 12 |
| --- | --- | --- |

| Maßstab | | Teil 13 |
| --- | --- | --- |

| Maßstab | | Teil 17 |
|---|---|---|

| Maßstab | | Teil 21 |
|---|---|---|

| Maßstab | | Teil 20 |
|---|---|---|

Montieren Sie die zusammengebauten Teile 17, 18, 19, 20 und 21 so auf der Unterseite der Sitzfläche (Teil 1), dass das ausgeklappte Fußgestell rechtwinkelig zur Sitzfläche in die Sperrklinke einrastet.

| Maßstab | | |
|---|---|---|

## A. Kristallaufbau der Metalle

Die positiv geladenen Atome (Ionen) der festen Metalle sind in Form eines regelmäßigen Kristallgitters angeordnet. Diese Atomanordnung wird als kristalline Struktur bezeichnet.
Nichtmetalle besitzen eine unregelmäßige Anordnung der Ionen. Diese Ionenanordnung wird als amorphe Struktur bezeichnet.

## B. Kristallgitterarten der Metalle

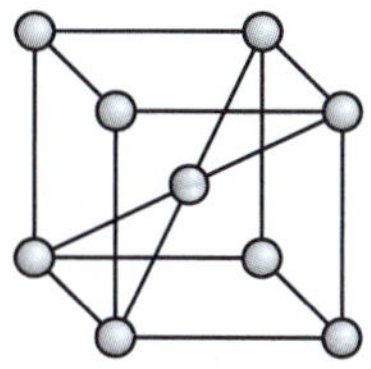

Grundkörper: Kubus oder ____________

Gittertyp: Kubisch raumzentriert (krz)

Ionenanzahl: ______

Werkstoffbeispiele: Cr, Mo, W, Ta, V, Eisen unter 911 °C

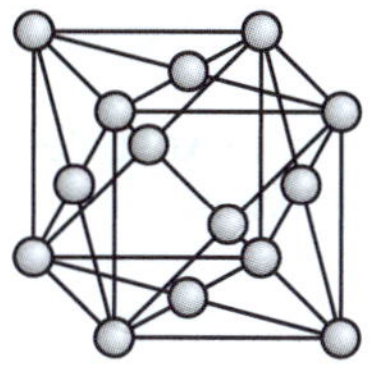

Grundkörper: ____________

Gittertyp: Kubisch flächenzentriert (kfz)

Ionenzahl: ______

Werkstoffbeispiele: Al, Cu, Pb, Ni, Eisen über 911 °C

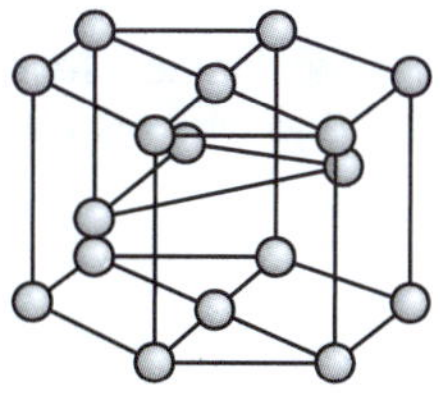

Grundkörper: ____________

Gittertyp: Hexagonal (hex)

Ionenzahl: ______

Werkstoffbeispiele: Mg, Ti, Zn, Cd

## C. Eisen-Kohlenstoff-Diagramm (begrenzt für unlegierten Stahl)

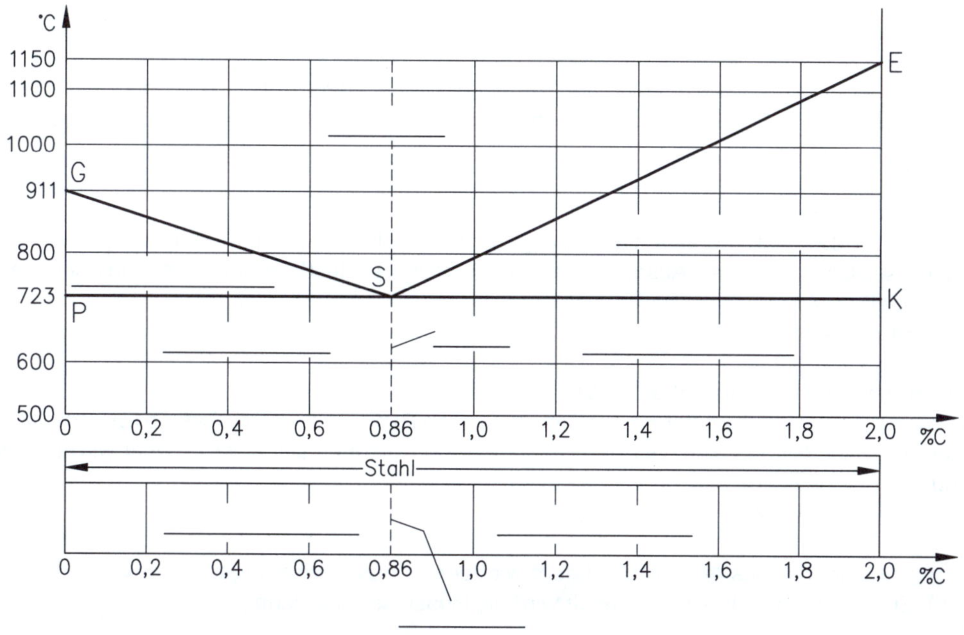


Lösungseinträge in das Diagramm aus S. 106 Gefügebetrachtungen.

## 1. Gefügearten

| Gefügeart | Gefügeaufbau | Eigenschaften |
|---|---|---|
| Ferrit | Eisen ohne Kohlenstoff (reines Fe) | Sehr weich, magnetisch, leicht umformbar |
| Zementit | Chemische Verbindung von Eisen (Fe) und Kohlenstoff (C), z.B. $Fe_3C$ (Eisenkarbid) | Sehr hart und spröde |
| Perlit | Ausgeglichenes Ferrit- und Zementitgemenge | Mittelhart |
| Austenit | Eisen mit gelösten Kohlenstoffatomen (feste Lösung) | Weich, unmagnetisch, leicht umformbar |

## 2. Gefügebetrachtungen

### a) Kohlenstoff

**Stahl mit 0,86 % C-Gehalt**
Dieser Stahl bildet durch sein ausgeglichenes Gemenge von Ferrit und Zementit einheitliche Kristalle (eutektoider Stahl). Wegen seines perlmuttartigen Schliffbilds wird dieses Gefüge als Perlit bezeichnet.
Diagrammeintrag: Perlit, eutektoid.

**Stahl mit niedrigem C-Gehalt (unter 0,86 %)**
Auch dieser Stahl bildet Perlit-Kristalle. Wegen des geringen C-Gehalts kann er nur einen kleinen Teil in Perlit-Kristalle umbilden (untereutektoider Stahl). Es bleiben Ferrit-Kristalle übrig. Dieses Gefüge wird als Ferrit-Perlit bezeichnet.
Diagrammeintrag: Ferrit-Perlit, untereutektoid.

**Stahl mit hohem C-Gehalt (über 0,86 %)**
Auch dieser Stahl bildet Perlit-Kristalle. Wegen des hohen C-Gehalts bleiben Zementit-Kristalle übrig (übereutektoider Stahl). Dieses Gefüge wird als Perlit-Zementit bezeichnet.
Diagrammeintrag: Perlit-Zementit, übereutektoid.

### b) Temperatur

**Stahl mit 0,86 % C-Gehalt**
Das Perlitgefüge ist bis 723 °C beständig. Der Zementitanteil im Perlit zerfällt, d. h., der gesamte Kohlenstoff löst sich im festen Eisen auf; es entsteht eine feste Lösung. Dieses Gefüge wird als Austenit bezeichnet.
Diagrammeintrag: Austenit.

**Stahl mit kleinem C-Gehalt (unter 0,86 % C)**
Beim Erwärmen auf über 723 °C entsteht aus dem gesamten Perlit ein Austenit-Gefüge (Dreieck PSG). Es bleibt Ferrit übrig. Dieses Gefüge wird als Austenit-Ferrit bezeichnet. Der Restferrit wird oberhalb der Linie GS in Austenit umgewandelt.
Diagrammeintrag: Austenit-Ferrit.

**Stahl mit großem C-Gehalt (über 0,86 % C)**
Beim Erwärmen auf über 723 °C entsteht aus dem gesamten Perlit ein Austenit-Gefüge (Dreieck SKE). Es bleibt Zementit übrig. Dieses Gefüge wird als Austenit-Zementit bezeichnet. Der Restzementit wird oberhalb der Linie SE in Austenit umgewandelt.
Diagrammeintrag: Austenit-Zementit.

**Merke:**
a) Durch langsames Abkühlen entsteht wieder das Ausgangsgefüge.
b) Eisen mit mehr als 2 % C-Gehalt wird als Gusseisen bezeichnet.

Durch Wärmeeinwirkung verändern sich die Eigenschaften der Metalle.

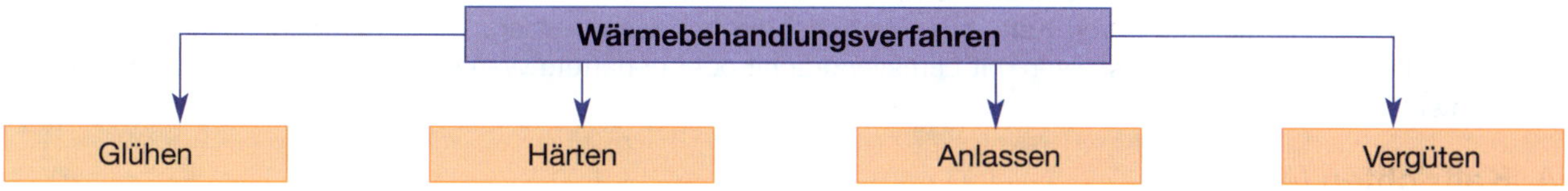


**Glühen**

Durch Schweißen, Schmieden, Walzen und Gießen entstehen im Werkstück Wärmespannungen. Um diese Spannungen zum Teil wieder zu beseitigen, werden die Werkstücke geglüht.

Dieser Vorgang heißt ______________________________ .

Dabei wird das Werkstück bis zu zwei Stunden auf 550 bis 650 °C erwärmt.

1. **Vorgang**
   a) Langsames Erwärmen bis zum Kern.
   b) Halten der Temperatur, bis das Gefüge von Spannungen fast völlig befreit ist.
   c) Langsames Erkalten, um das spannungsarme Gefüge zu erhalten.

2. **Glühtemperatur**

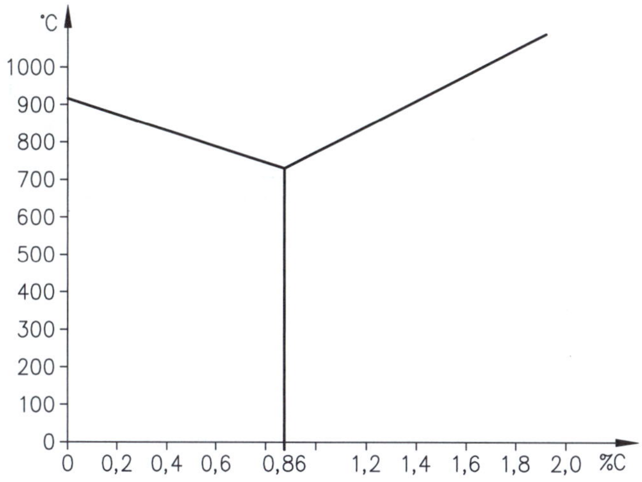


Aufgabe:
Zeichnen Sie das Temperaturfeld in das Diagramm ein.

3. **Glühfehler**
   Bei einem Glühvorgang bleiben die Spannungen in einem Bauteil restlos erhalten.
   Nennen Sie Gründe hierfür.

________________________________________

________________________________________

________________________________________

Halbzeuge (z. B. Profile, Rohre, Stäbe, Bleche) können sich auf dem Transport oder durch unsachgemäße Lagerung verbiegen, beim Bearbeiten und Einspannen verziehen oder durch Umformen oder Schweißen Spannungen bekommen. Diese Fehler können durch Kalt- oder Warmrichten behoben werden. Der umformbare Werkstoff wird dabei gestreckt oder gestaucht. Gusseisen mit Lamellengraphit oder gehärtete Werkstücke sind spröde und brechen beim Richten.

## A. Kaltrichten (Auswahl)

Ordnen Sie die folgenden Tätigkeiten den Skizzen zu:
Strecken mit der Hammerfinne auf der Richtplatte, Richten mit dem Dreheisen, Richten mit der Presse oder im Schraubstock, Richten mit dem Hammer auf dem Amboss

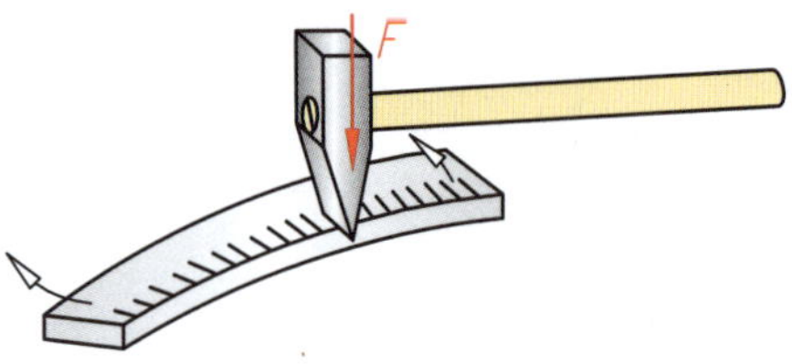


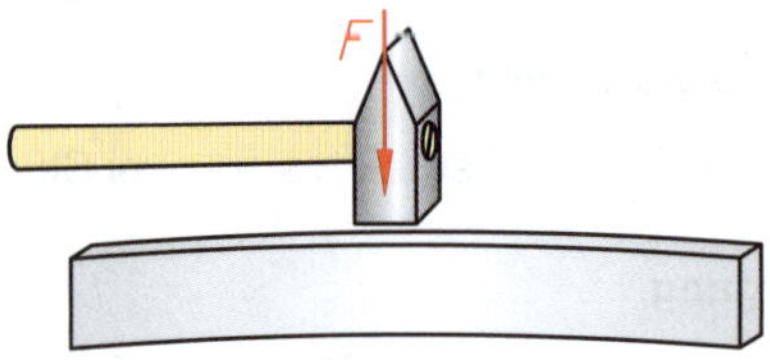


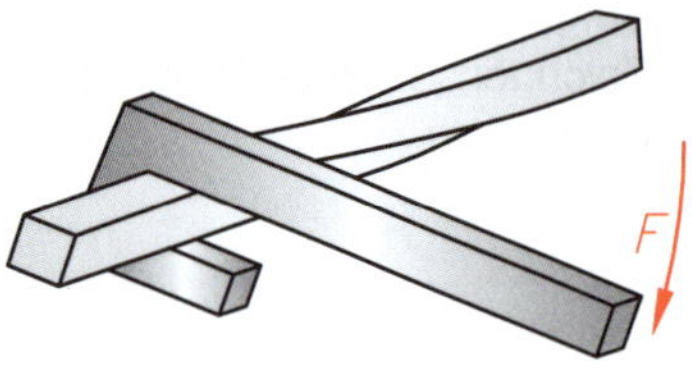


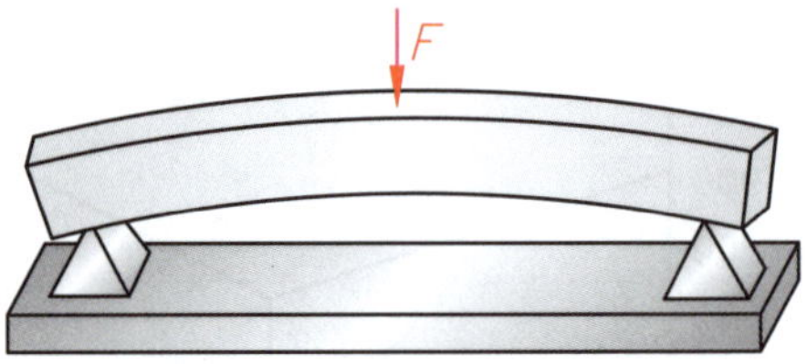


**Spannen von Blechen** (Streckrichten)

Das Richten verbeulter oder verdellter Bleche nennt man Spannen. Da der Werkstoff in der Beule übermäßig gestreckt ist, darf diese auf keinen Fall mit dem Hammer bearbeitet werden. Eine noch größere Materialstreckung wäre die Folge.
Das Blech muss also vom Beulenrand weg spiralförmig nach außen durch leichte Hammerschläge gestreckt werden. Für kleinere Blechteile dient der Polierstock als Unterlage.

## B. Warmrichten (Flammrichten)

Zum Erwärmen der Werkstücke wird die neutrale Acetylen-Sauerstoff-Flamme verwendet. Die Wärme soll schnell und örtlich begrenzt dem Werkstück zugeführt werden. Deshalb stets einen großen Brennereinsatz auswählen.

Werkstücke aus Stahl: Glühfarbe dunkelrot bis hellrot

Flammrichttemperatur:

Werkstücke aus Aluminium: Beim Aluminium ist keine Glühfarbe zu erkennen. Dadurch kann eine Überhitzung, d. h. ein Abschmelzen des Werkstoffs eintreten.

Temperaturbestimmung:

Flammrichttemperatur:

| Konstruktionsmechanik | Datum: | Herstellen von Baugruppen aus Profilen | Lernfeld 8 |
|---|---|---|---|
| Name: | Klasse: | *Kalt- und Warmrichten* | 16 |

**Arbeitsfolgen:**

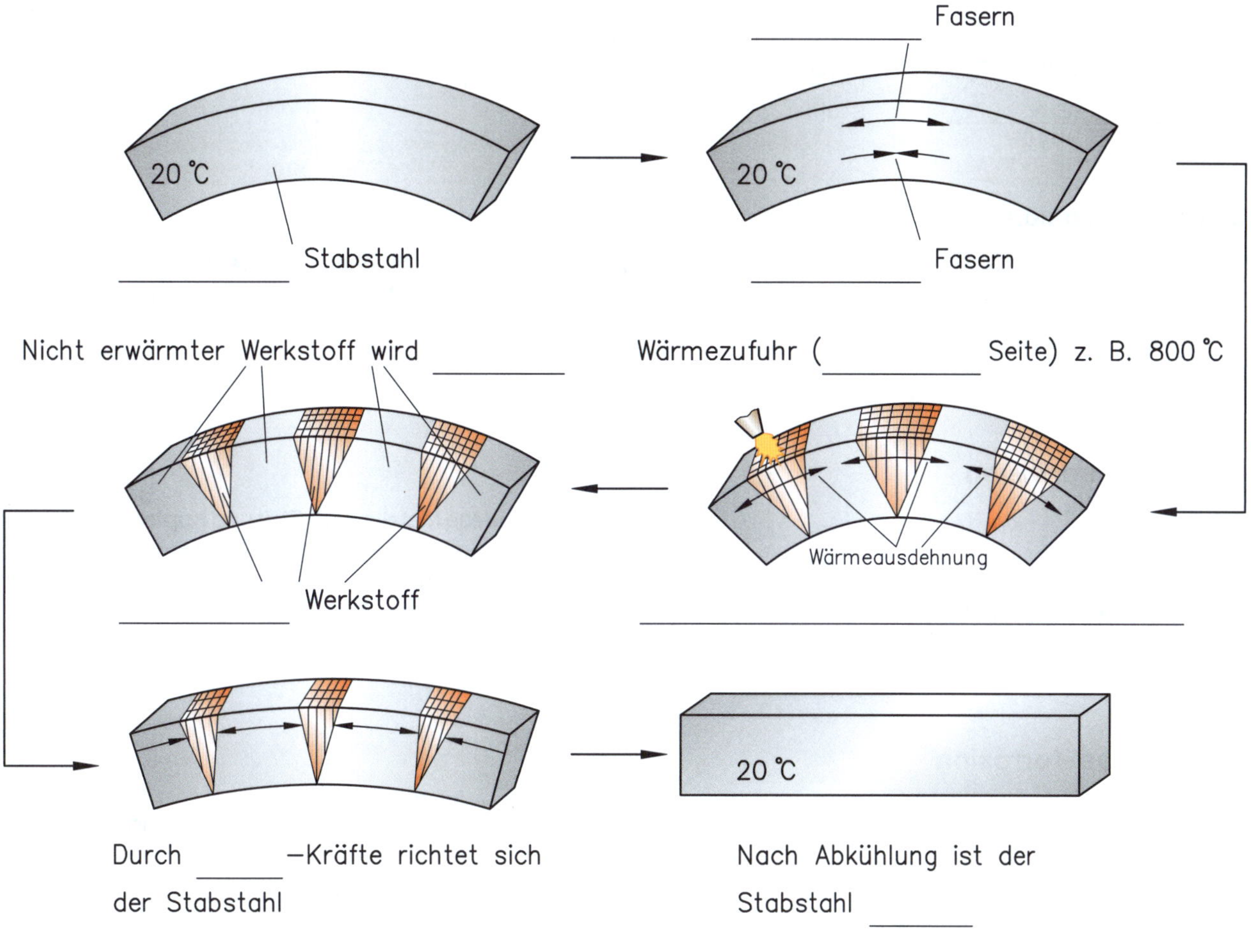


Man unterscheidet:

| | |
|---|---|
| 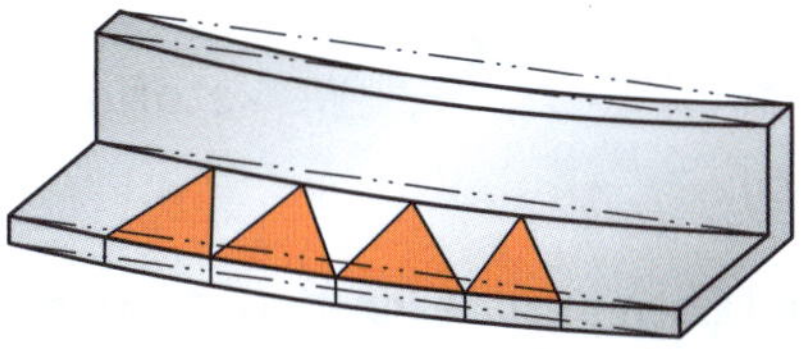 | 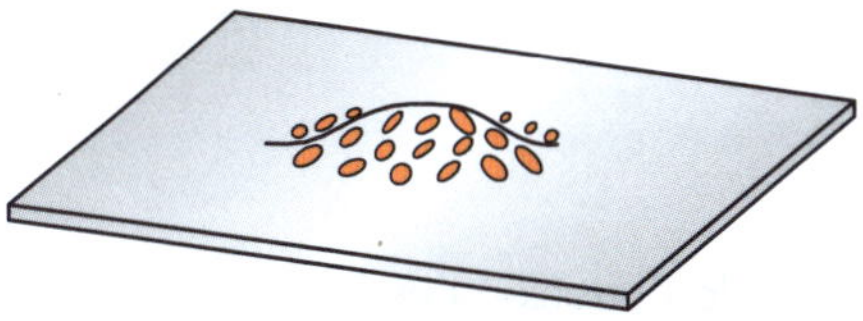 |
| Wärme-________________. | Wärme-________________. |
| 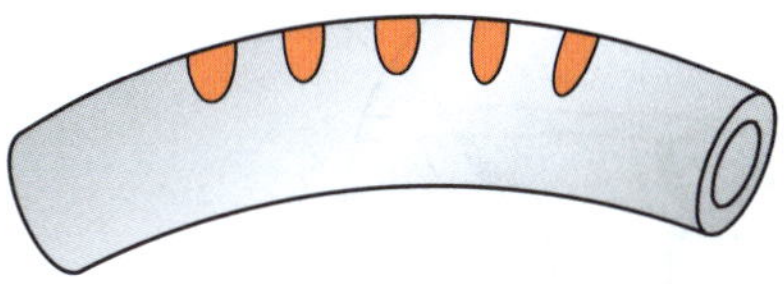 | 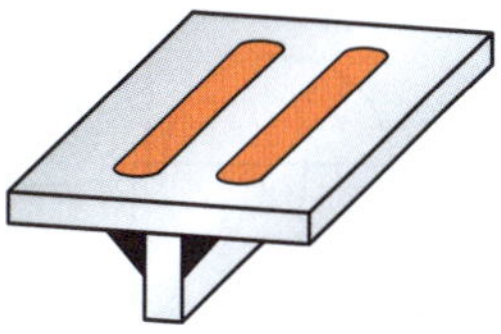 |
| Wärme-________________. | Wärme-________________. |

**Merke:** 1. Immer die längere (gestreckte) Seite erwärmen.
2. Durch wiederholtes Flammrichten steigert sich die Ausrichtwirkung.
3. Die Erwärmung soll schnell und kurz erfolgen.
4. Vergütete Stähle dürfen nicht warmgerichtet werden (Verlust von Festigkeit und Zähigkeit).

**Unfallverhütung**

1. Während des Flammrichtens die Schutzbrille tragen!
2. Heiße Teile nicht mit der ungeschützten Hand berühren!
3. Die Unfallverhütungsvorschriften für das Gas-Schmelz-Schweißen befolgen!

## A. Gleichmäßige Flächenkorrosion

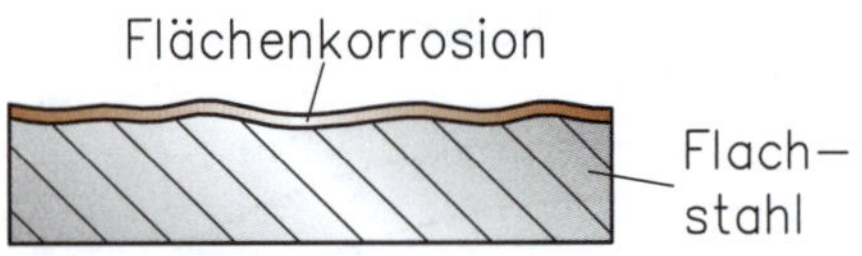


Die Luft bewirkt eine langsame und gleichmäßige Korrosion auf der Stahloberfläche.

## B. Lochkorrosion

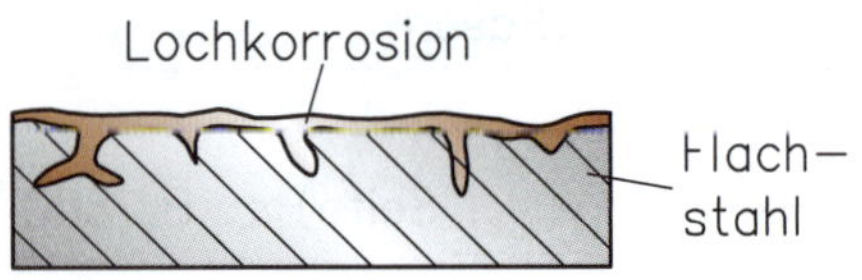


Spritzer von Säuren, schadhafte Farbbeschichtungen oder Stahlspäne auf legierten rostfreien Stählen führen zur Lochkorrosion (= Lochfraß).

## C. Kontaktkorrosion

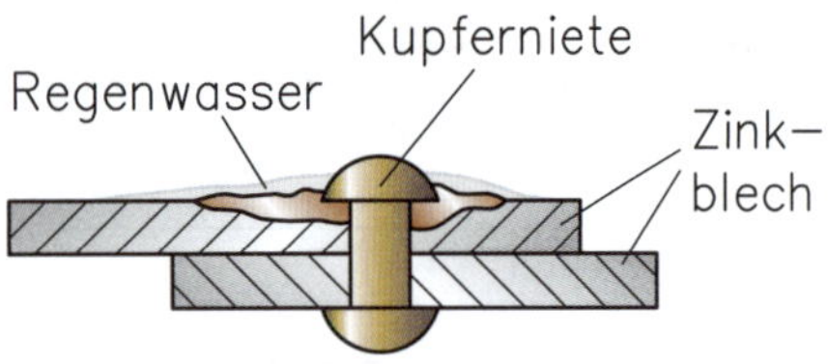


Zwei verschiedene Metalle, z. B. Zink und Kupfer, und eine stromleitende Flüssigkeit (= Elektrolyt), z. B. Regenwasser, bilden ein galvanisches Element. Das unedlere Metall (Zn) wird zerstört.

## D. Selektive Korrosion

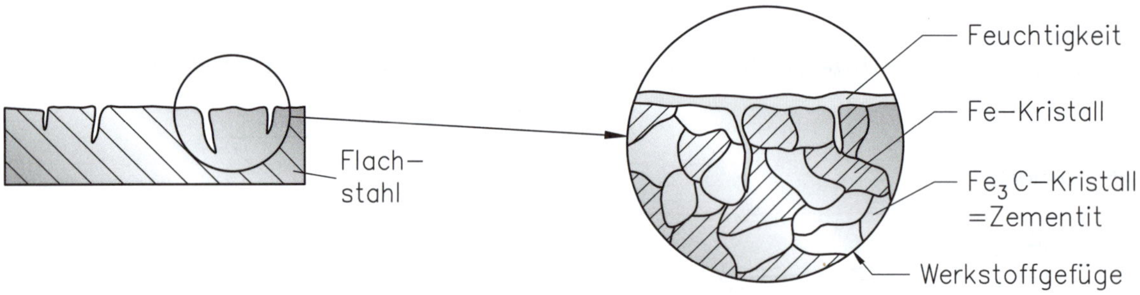


Interkristalline Korrosion

Verläuft die Korrosion bevorzugt (= selektiv) entlang der unterschiedlichen Kristalle innerhalb (= intern) des Gefüges, so spricht man von einer interkristallinen Korrosion.

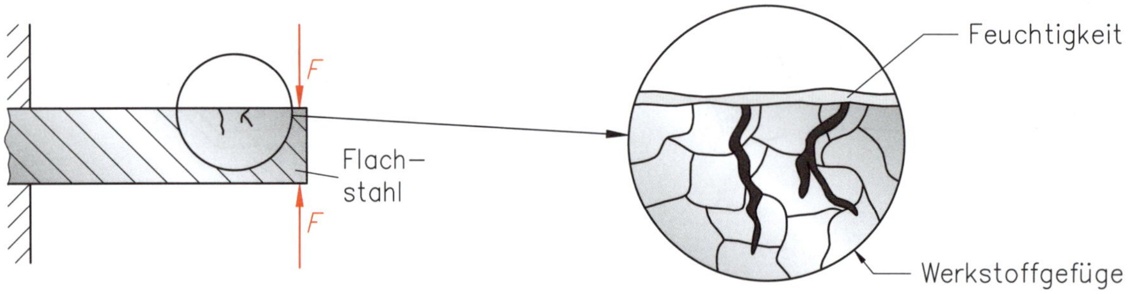


Transkristalline Korrosion

Werkstücke können durch wechselnde Beanspruchungen belastet sein. Dadurch können kleine Risse im Material entstehen, die beliebig im Kristallgefüge verlaufen (= trans). Durch eindringende Feuchtigkeit entsteht in den Haarrissen Korrosion.

Durch die Werkstoffprüfung können Eigenschaften der Werkstoffe ermittelt werden.

Beispiele:

## A. Äußerliche Werkstoffbeurteilung

| Werkstoffoberfläche (Profile) | Stahlart | Herstellungsart | Normbeispiel |
|---|---|---|---|
| Verzundert, rau, runde Kanten, gewölbte Flächen, maßungenau, ungenaue Querschnittsformen | Stahlbaustahl | warmgewalzt | |
| Glatt, keine Verzunderung, ebene Flächen, scharfe Kanten, maßgenau, gleichbleibende Querschnittsformen | Stahlbaustahl | kaltgewalzt oder gezogen | |
| Wenig verzundert, scharfe Kanten, schwarzgrau glänzend | Unlegierter Werkzeugstahl | warmgewalzt | |
| Silberweiß glänzend, blank, maßgenau, scharfe Kanten | Niedrig legierter Stahl | kaltgewalzt oder gezogen | |
| Werkstofffarben:<br>rötliche Blechtafel<br>silberweißes Hohlprofil<br>gelbe Blechtafel | Kupfer<br>Aluminium,<br>Messing | Walzen<br>Strangpressen<br>Walzen | |

## B. Werkstoffbeurteilung durch die Funkenprobe

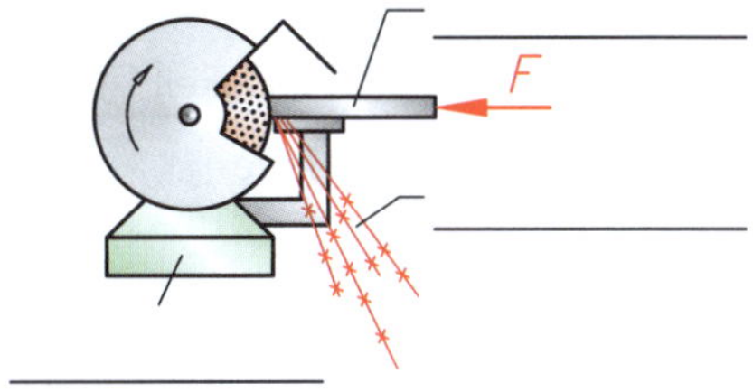


Durch die Farbe, Form und Intensität der entstehenden Funken können die Stahlart und der Kohlenstoffgehalt grob festgestellt werden.
Man benötigt dazu:
1. Funkenbilder zum Vergleichen oder
2. Vergleichsstäbe mit bekannter chemischer Zusammensetzung.

### 1. Funkenform

Benennen Sie die dargestellten Funkenformen.

| | | | |
|---|---|---|---|
|  |  |  | 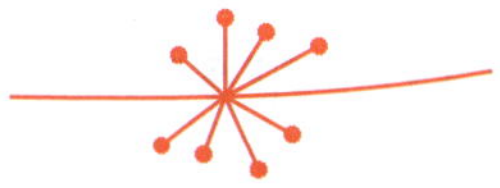 |
| -Form | -Form | -Form | -Form |
| 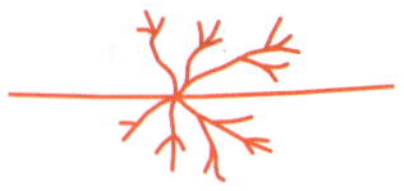 | 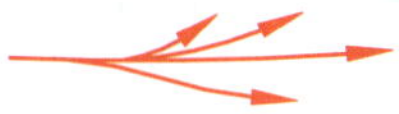 | 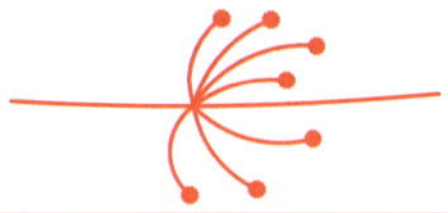 |  |
| -Form | -Form | -Form | -Form |

### 2. Funkenbilder (Auswahl)

| Funkenbild | Beschreibung | möglicher Werkstoff |
|---|---|---|
| 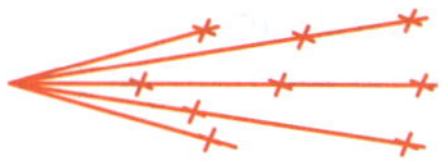 | Gelber, glatter Strahl, wenige C-Explosionen | |
|  | Gelber, verästelter Strahl, viele C-Explosionen | |
| 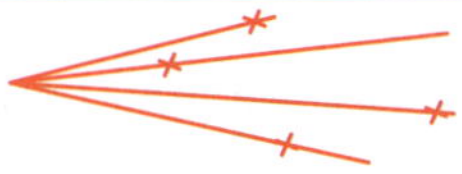 | Rötlicher, strichförmiger Strahl, einzelne C-Explosionen | |

## C. Werkstoffbeurteilung durch Klangprobe

Die Stahlwerkstücke werden frei hängend an einer Schnur befestigt und mit dem Hammer angeschlagen.
Führen Sie die skizzierten Versuche durch und ordnen Sie zu: Dumpfer Klang, heller Klang, klirrender Klang, dunkler Klang.

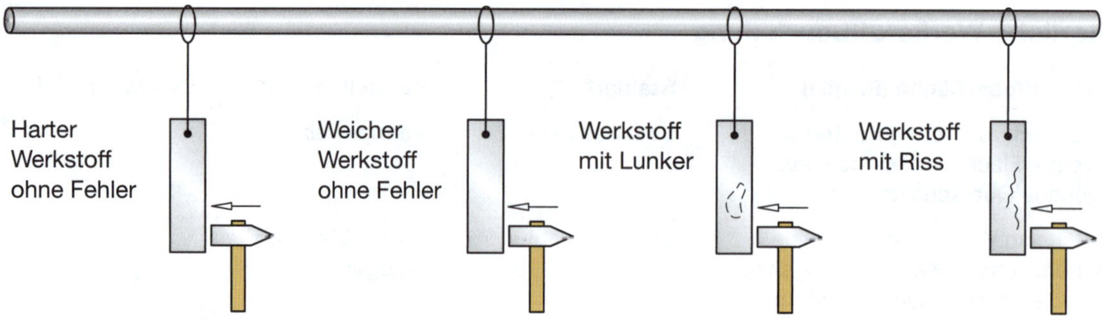


__________ Klang __________ Klang __________ Klang __________ Klang

## D. Werkstoffbeurteilung durch Bruchprobe

Stahlbaustahl, z. B. S 185

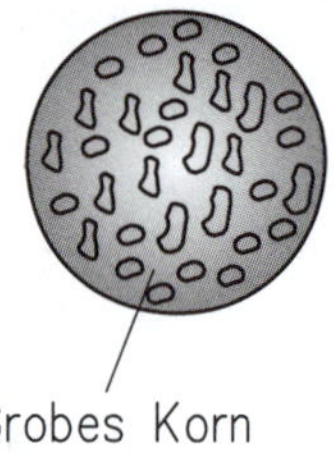


__________ Festigkeit

__________ Härte

Gewindebohrer

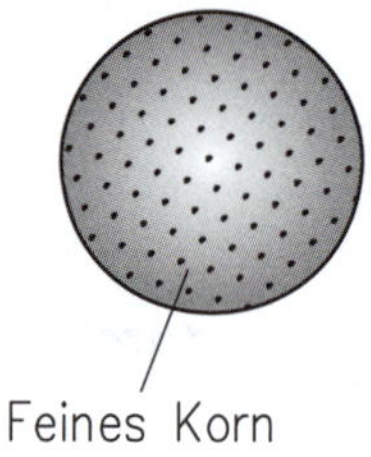


__________ Festigkeit

__________ Härte

## E. Feilprobe

| Beschreibung | Erkenntnis |
|---|---|
| Feilenzähne greifen an. | Werkstück ist __________ . |
| Feilenzähne greifen nicht an. | Werkstück ist __________ . |

## F. Schmiedeprobe (Auswahl)

| Stauchprobe | Ausbreitprobe | Aufdorn- und Lochprobe | Warmbiegeprobe |
|---|---|---|---|
| 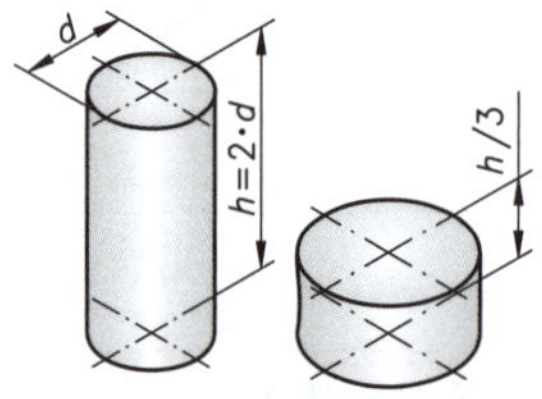 | 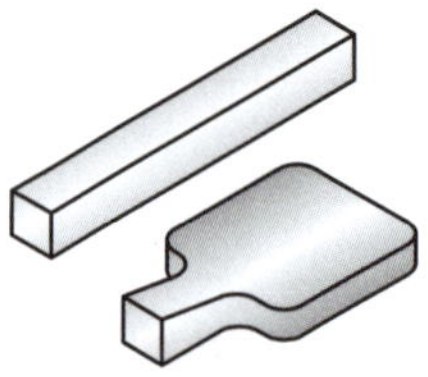 | 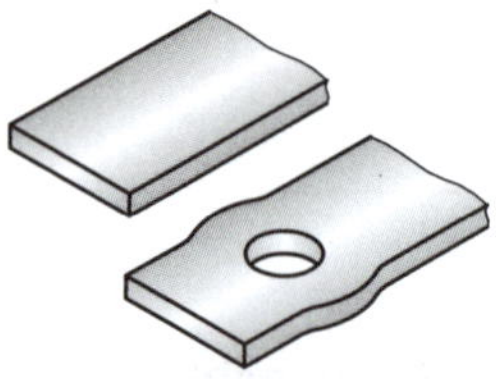 | 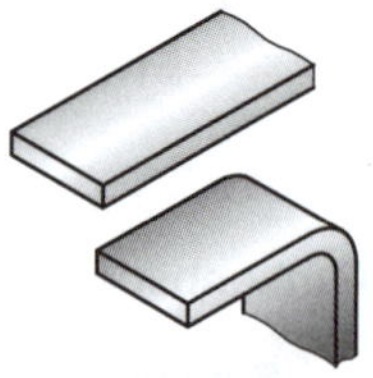 |
| Keine Rissbildung:<br>Gute Stauchfähigkeit<br>z. B. __________ | Keine Rissbildung:<br>Gute Breit- und Aufdornfähigkeit<br>z. B. __________ | | Rissbildung:<br>Schwefelhaltiger Stahl;<br>__________ |

**Zusammenfassung:**
Durch die Werkstoffprüfung in der Werkstatt erhält man keine genauen Ergebnisse, sondern nur Hinweise auf bestimmte Werkstoffeigenschaften.

Durch mechanische Prüfverfahren kann man Festigkeit, Härte und Formveränderungsvermögen bestimmen.

## A. Zugversuch

Durchführung:

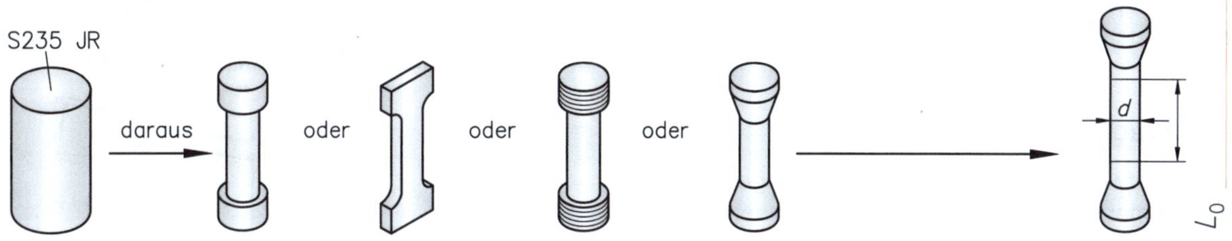


Werkstoff ____________-, ____________-, ____________-, ____________-Probe-stäbe ____________-Probe-stab

Das Verhältnis Messlänge $L_0$: Durchmesser $d$ beträgt 5 : 1.
Durch den Zugversuch erhält man bestimmte Kennwerte des Werkstoffs:

**a) Proportionalitätsgrenze P**
Spannung und Dehnung nehmen im gleichen Verhältnis, also proportional zu.

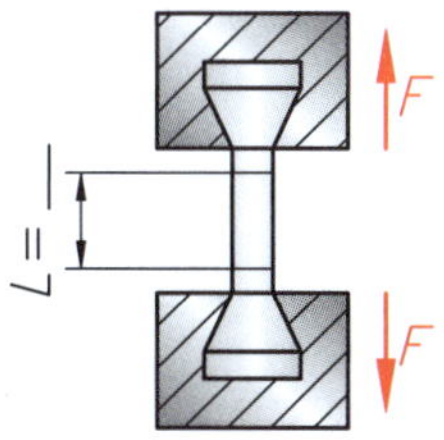


**Aufgabe:** Vervollständigen Sie das Diagramm.

**b) Elastizitätsgrenze E**
Der Probestab ist bis jetzt elastisch und wird wieder entlastet.
Welche Länge $L$ nimmt der Probestab an?

____________

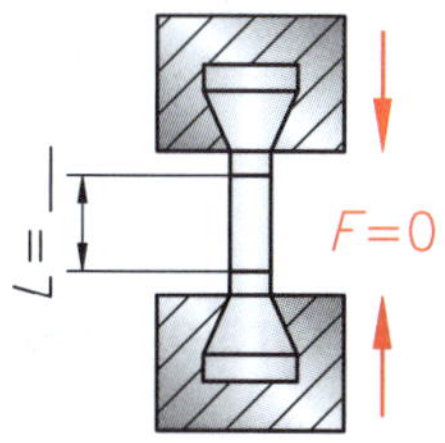


**Aufgabe:** Vervollständigen Sie das Diagramm.

**c) Streckgrenze S**
Wird der Probestab über die Elastizitätsgrenze belastet, dehnt er sich.
Welche Länge $L$ nimmt jetzt der Probestab an?

____________

____________

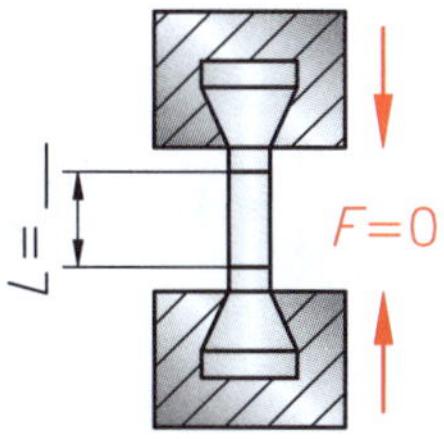


**Aufgabe:** Vervollständigen Sie das Diagramm.

**d) Bruchgrenze B**
Bei weiterer Belastung schnürt sich der Probestab ein, die Dehnung nimmt stark zu.
Dieser Spannungshöchstwert wird als Zugfestigkeit ($R_m$) oder Bruchgrenze bezeichnet.

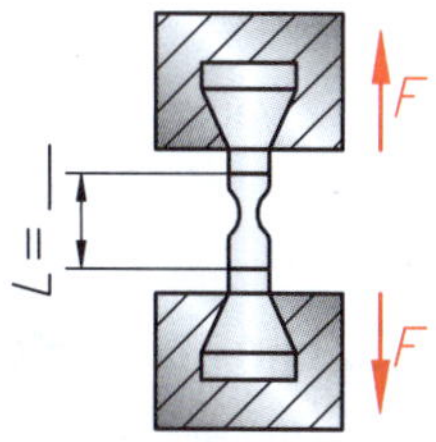


**Aufgabe:** Vervollständigen Sie das Diagramm.

**e) Zerreißgrenze Z**
Durch die starke Einschnürung wird der Querschnitt verengt.

Folge:

____________

____________

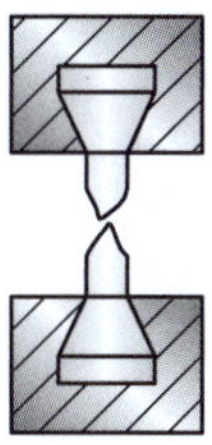

**Aufgabe:** Vervollständigen Sie das Diagramm.

**f) Spannungs-Dehnungs-Diagramm (S 235 JR)**

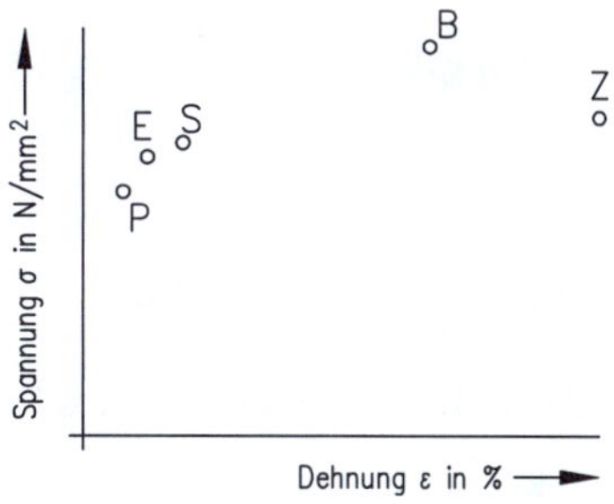


**Aufagbe:** Setzen Sie in das Schaubild ein: Elastischer Bereich, plastischer Bereich, zulässiger Spannungsbereich ($\sigma_{zul}$).

## B. Druckversuch

Zähe Werkstoffe (z. B. ______________ ) bilden eine mit Rissen versehene Tonnenform.

Spröde Werkstoffe (z. B. ______________ ) brechen ohne Ausbauchung.

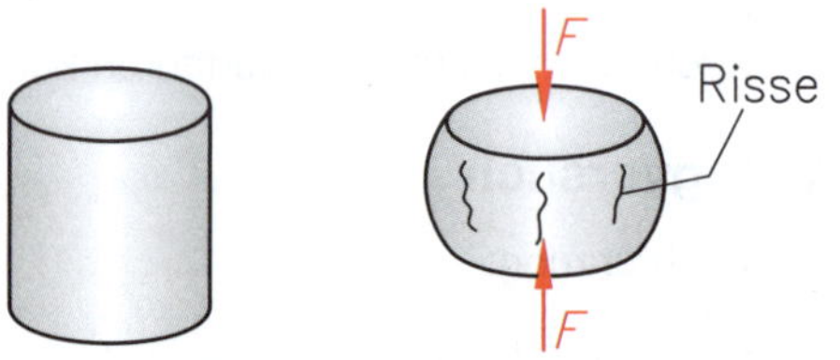


## C. Kerbschlagbiegeversuch

Spröder Prüfwerkstoff: Das Prüfstück wird getrennt, der Pendelhammer schwingt nach der Trennung weit nach hinten aus. Die Größe des Hammerausschlags bestimmt die Zähigkeit.
Zäher Prüfwerkstoff: Das Prüfstück wird verformt und durch das Widerlager gezogen. Der Pendelhammer schwingt deshalb kürzer nach hinten aus.

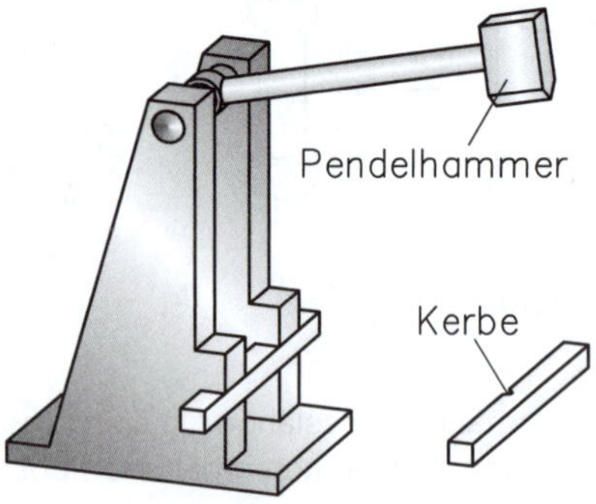


Prüfstückabmessungen, Kerbenform und Kerbengröße sind genormt.

## D. Biegeversuch

Die mittig wirkende Kraft *F* wird bis zum Bruch des Prüfstücks gesteigert.

Zweck: ______________

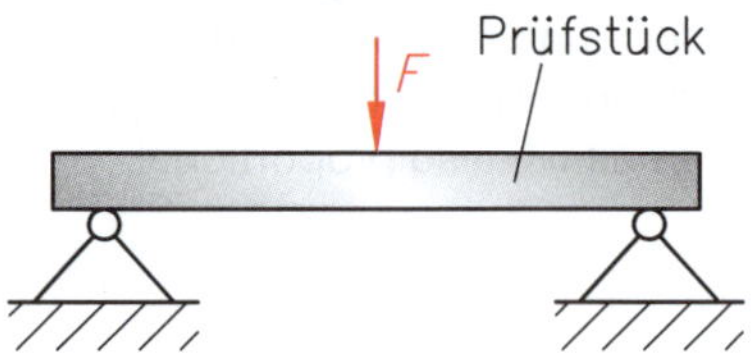


## E. Torsionsversuch

Zweck: ______________

______________

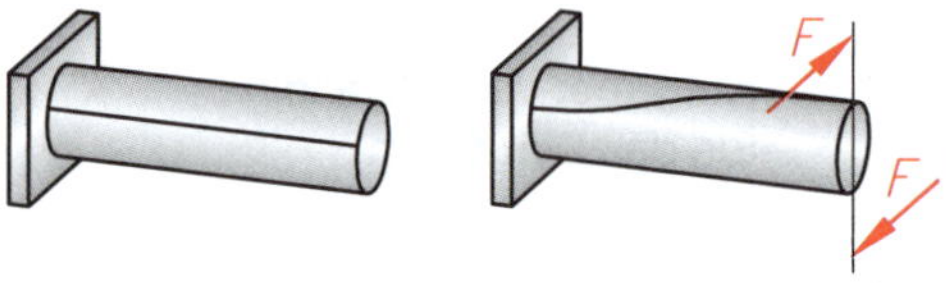


## F. Faltversuch

Das Prüfstück wird bis zu einem vorgeschriebenen Winkel um einen Dorn kalt gebogen. Es dürfen keine Risse auftreten.

Zweck: ______________

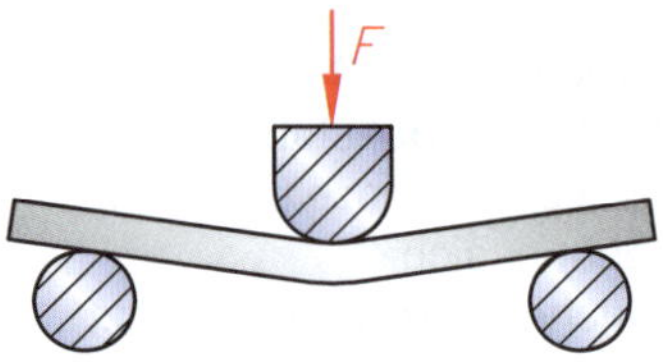


Die Abmessungen des Prüfstücks sind genormt.

## G. Hin- und Herbiegeversuch

Bleche, Bänder und Drähte werden bis zur Rissbildung hin und her gebogen.

Weiche Werkstoffe: ______________

Spröde und harte Werkstoffe: ______________

______________

Zweck: ______________

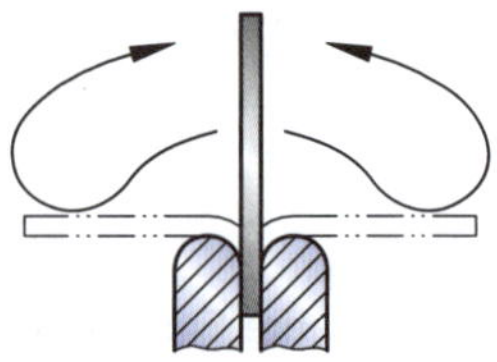

## H. Tiefungsversuch nach Erichsen

Der Kugelstempel wird bis zum Einreißen des Prüfstücks in das Blech gedrückt.

Zweck: ______________

______________

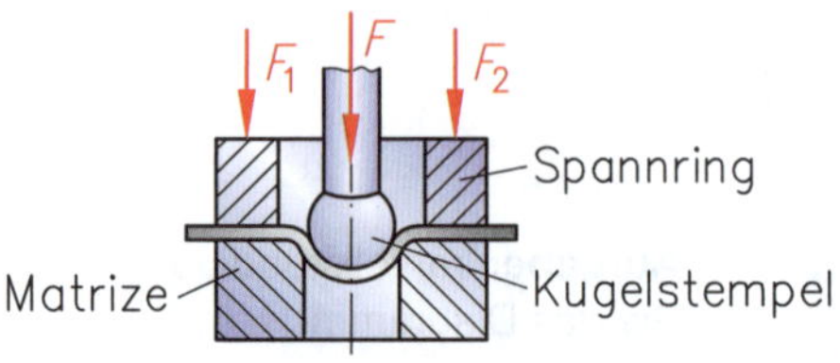

## Zerstörungsfreie Werkstoffprüfungen

Mit ihrer Hilfe können Werkstofffehler (z. B. ______________________________ ) festgestellt werden.

**1. Farbeindringverfahren (Met-L-Check-Verfahren)**

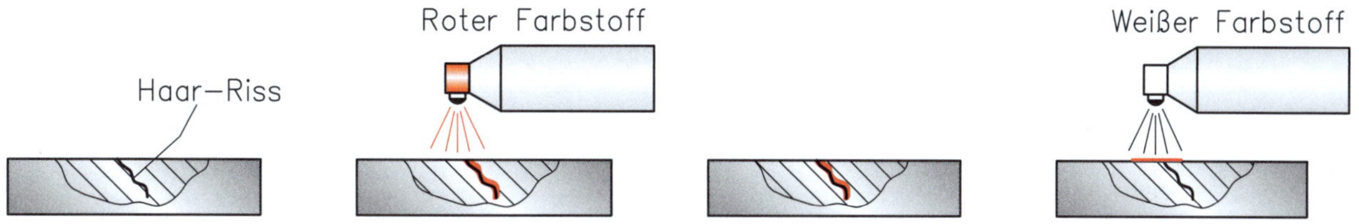


Werkstück mit nicht sichtbaren Haar-Rissen

Farbeindringung durch Kapillar-Wirkung

Gründliches Abwaschen des Werkstücks

Weißer Farbstoff zieht den roten Farbstoff an die Oberfläche; der Riss wird sichtbar.

**2. Ultraschallverfahren**

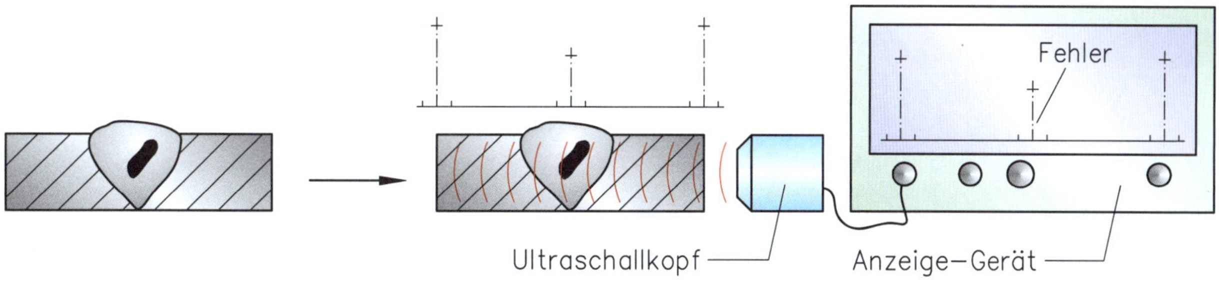


Die nicht hörbaren Ultraschallwellen werden an der vorderen und hinteren Stirnfläche des Werkstücks und von Fehlern reflektiert und erscheinen als Zacken auf dem Bildschirm.

**3. Tüpfelprobe**

Die Tüpfelprobe wird zur Unterscheidung von Al-Legierungen angewendet. Mehrere Tropfen 20-prozentiger Natronlauge müssen ca. sechs Minuten auf die blanke Werkstückoberfläche einwirken.

| **Beobachtungen** | **Erkenntnisse** |
|---|---|
| Nicht abwischbarer schwarzer Belag | Aluminium ist mit Silizium legiert |
| Abwischbarer schwarzer Belag | Aluminium ist mit Kupfer, Zink und Nickel legiert |
| Heller Belag | Reinaluminium oder Aluminium-Magnesium-Legierung |
| Keine | Reinmagnesium oder Aluminium-Magnesium-Legierung |

**4. Prüfung der chemischen Zusammensetzung**

Mit der Spektralanalyse kann in wenigen Minuten die chemische Zusammensetzung einer Legierung und der prozentuale Anteil der einzelnen Metalle bestimmt werden (z. B. 0,5 % C, 2 % Mo, 1 % V).

**5. Metallografische Untersuchungen**

Mit dieser Untersuchung wird das Gefüge des Prüfwerkstoffs sichtbar gemacht (z. B. Faserverlauf eines Schmiedestücks).